Wissenschaftliche Beiträge aus dem Tectum Verlag

Reihe Nachhaltigkeitswissenschaft

Wissenschaftliche Beiträge
aus dem Tectum Verlag

Reihe Nachhaltigkeitswissenschaft
Band 1

Ines Junginger

Die Vielfalt von Nachhaltigkeit und das Phänomen der Diskrepanz

Eine vergleichende Analyse von Werten und Praktiken im Rahmen der Grounded Theory

Tectum Verlag

Ines Junginger
Die Vielfalt von Nachhaltigkeit und das Phänomen der Diskrepanz
Eine vergleichende Analyse von Werten und Praktiken im Rahmen der Grounded Theory
Wissenschaftliche Beiträge aus dem Tectum Verlag,
Reihe: Nachhaltigkeitswissenschaft; Bd. 1

ISBN 978-3-8288-4655-5
ePDF 978-3-8288-7731-3
ISSN: 2749-0092

Umschlaggestaltung: Tectum Verlag, unter Verwendung der Abbildung # 772853053
von Elizaveta Galitckaia | www.shutterstock.com

Gesamtverantwortung für Druck und Herstellung
bei der Nomos Verlagsgesellschaft mbH & Co. KG

Printed in Germany

Besuchen Sie uns im Internet
www.tectum-verlag.de

Bibliografische Informationen der Deutschen Nationalbibliothek
Die Deutsche Nationalbibliothek verzeichnet diese Publikation
in der Deutschen Nationalbibliografie; detaillierte bibliografische
Angaben sind im Internet über http://dnb.d-nb.de abrufbar.

Abstract

Die vorliegende Ausarbeitung befasst sich mit der Vielfalt nachhaltiger Lebensweisen sowie der Diskrepanz zwischen nachhaltigen Werten und den Praktiken der Menschen. Dabei werden sich die Fragen gestellt, was unterschiedliche Personen unter Nachhaltigkeit verstehen, inwiefern sie die damit verbundenen Wertvorstellungen teilen und welche Praktiken daraus resultieren. Weiterhin wird nach den Gründen für nicht nachhaltige Praktiken und einem möglichen Zusammenhang zwischen Nachhaltigkeitsvorstellung und derlei normabweichendem Handeln gefragt. Dem soll im Rahmen einer Grounded Theory und dem Einbezug eines Samples, welches sowohl nachhaltig als auch nicht nachhaltig lebende Personen umfasst, nachgegangen werden. Als theoretische Grundlagen dienen ein Konzept aus der Umweltethik, Max Webers protestantische Ethik sowie Pierre Bourdieus Habitus-Konzept. Die Untersuchung gelangt zu dem Ergebnis, dass im Rahmen einer Individualisierung von Nachhaltigkeit sehr heterogene Nachhaltigkeitsverständnisse und Praktiken legitimiert werden. Infolgedessen kommt es zu einem breiten Spektrum von Denk- und Handlungsweisen, welches sich mit den Typen „minimal nachhaltig“, „bedingt nachhaltig“, bestrebt nachhaltig“ und „äußert nachhaltig“ fassen lässt. Darüber hinaus wird aufgezeigt, dass sich die Diskrepanz zwischen den Werten und Praktiken der Menschen über alle Typen hinweg erstreckt und insbesondere auf den Wunsch nach Selbstverwirklichung, auf alte, verinnerlichte Gewohnheiten und einen hemmenden Einfluss durch das soziale Umfeld zurückgeführt werden kann.

Abbildungsverzeichnis

Inhaltsverzeichnis

Vorwort von Dr. Thorsten Berndt

Der Klimawandel und mit seiner Anerkennung auch einhergehend das Thema Nachhaltigkeit sind zentrale Aufgaben der aktuellen Gesellschaften. Die Bewusstwerdung, dass unintendierte Handlungsfolgen auf kollektiver Ebene zur unmittelbaren Existenzbedrohung der gesamten Menschheit führen können, ist ein Prozess, der sich in den letzten Jahren zu verstärken scheint und in Bewegungen wie Fridays-for-Future ihren Ausdruck findet. Dieser sich individuell und auch gesellschaftlich langsam bahnbrechenden Erkenntnis auf der einen Seite, steht die konkrete Umsetzung sowohl in lebensweltlichen Praktiken des Einzelnen als auch in politisch ausgehandelten und verabschiedeten (gesetzlichen) Rahmenbedingungen gegenüber. So existieren Diskrepanzen zwischen den (als richtig befundenen) Werten und den beobachtbaren Praktiken mit ihren entsprechenden Auswirkungen. Nachhaltigkeit fungiert dabei als Ideal, an dem sich individuelle Akteure orientieren können oder sollen. Wir wissen, dass es nachhaltiger ist, wenn wir keine kleinen Plastiktüten für den Einkauf von Gemüse verwenden oder uns statt fleischhaltig eher vegetarisch oder vegan ernähren. Genauso wissen wir, dass Bahnfahrten nachhaltiger als Flugreisen sind. Doch wie gehen wir mit dem potenziellen Spannungsverhältnis um? Wie „tickt“ der Alltagsmensch jenseits vom kollektiv-messbaren Ergebnis, dass offensichtlich noch nicht genug getan wird?

Einen solchen Einblick legt Ines Junginger mit ihrer Masterarbeit in einer hervorragenden qualitativ-empirischen Analyse mit anspruchsvoller theoretischer Auseinandersetzung vor. Sie zeigt, dass Nachhaltigkeitsideologien und ihre Kritik am kapitalistischen Wachstumszwang zur zentralen Prämisse des Verzichts führen, der als methodische Lebensführung asketische Züge im Sinne M. Webers hat und sie zeigt im Bourdieusschen Sinne, wie die Prozesshaftigkeit des Nachhaltigkeitswerdens vom Wissen über die Bewusstwerdung, dem Umdenken und schließlich der schrittweisen Umstellung der Praktiken stattfindet, jederzeit gefährdet von Rückentwicklungen. Empirisch zentral entwickelt Ines Junginger vier Typen nachhaltiger Lebensweisen, mit permanent mitschwingenden Diskrepanzen zwischen Ideologie und realisierten Praktiken, die mit Bourdieu zeigen, dass die egozentrierte Weltanschauung tief im Habitus verankert ist und durch die Hysteresis lange Bestand hat. Die zu Wort kommenden Personen lesen sich dabei wie ein allgemeiner Widerhall der eigenen Diskrepanzen und unterstreichen damit den Wert der Auseinandersetzung mit dieser Thematik. Für die sozialwissenschaftliche Nachhaltigkeitsforschung ist dieses Buch ein Gewinn.

Thorsten Berndt

1. Einleitung

Spätestens seit dem Herbst im Jahr 2018, als Greta Thunberg mit ihrem Protest namens Fridays for Future begann und damit eine weltweite soziale Bewegung auslöste, ist Nachhaltigkeit in der Gesellschaft wieder allgegenwärtig.[1] Nicht nur in der Politik wird die Thematik aufgegriffen, auch die Medien berichten über die Vermüllung der Meere oder die zunehmend spürbaren Folgen des Klimawandels, große Unternehmen setzen vermehrt auf nachhaltige Produktlinien und in immer mehr Städten sprießen Unverpacktläden[2] aus dem Boden. Insbesondere das anhaltende Aufkommen derlei nachhaltiger Alternativen kann als Reaktion auf die gesellschaftliche Nachfrage verstanden werden und spiegelt das öffentliche Interesse an der Thematik wider. Darin zeigt sich, dass nicht nur die Anhänger:innen von Umweltbewegungen wie Fridays for Future ein nachhaltigeres Leben anstreben, sondern viele weitere die nachhaltigen Werte teilen. Ein Wert wird dabei verstanden als:

> „(…) eine von der gesellschaftlichen Mehrheit geteilte Vorstellung darüber, was gut oder schlecht ist. Durch Werte erhalten wir Orientierungsmöglichkeiten, zugleich aber auch kulturelle, religiöse, ethische und soziale Leitbilder. Werte sind somit ethische Gebote, die das Handeln der Menschen leiten" (Soziologie heute. Das soziologische Fachmagazin. 2009).

Es gibt jedoch auch Individuen und Gruppen, die nicht mit der sozialen Norm „Nachhaltigkeit" konform gehen bzw. eine andere Vorstellung davon haben. Die AfD beispielsweise bestritt in ihrem Wahlprogramm

1 Der Wortlaut „wieder" bezieht sich darauf, dass bereits in früheren Jahren Umweltschutz bzw. Nachhaltigkeit in der deutschen Gesellschaft präsent waren. Als Beispiele können die Anti-Atomkraftbewegung der 1970er Jahre sowie die Debatte um das Waldsterben in den 1980er Jahren angeführt werden.

2 Bei Unverpacktläden handelt es sich um Einzelhandelsgeschäfte, deren Sortiment lose und somit ohne Verpackungsmaterial angeboten wird. Dadurch liefern sie einen Beitrag zur Vermeidung bzw. Reduktion von Müll.

für das Jahr 2017 den anthropogenen Klimawandel und forderte überdies den Austritt aus dem darauf basierenden Klimaschutzplan (Alternative für Deutschland 2017, S. 65). Hierin wird deutlich, dass es in Bezug auf Nachhaltigkeit sehr unterschiedliche Wahrnehmungen bzw. Deutungen zu geben scheint. Neckel et al. (2018, S. 12) formulieren treffend: „Mitunter werden sehr gegensätzliche gesellschaftliche Vorstellungen mit demselben Begriff der Nachhaltigkeit belegt". Doch nicht nur die Pluralität der Nachhaltigkeitsvorstellungen wird bei der Auseinandersetzung mit der Thematik deutlich. Es lässt sich auch eine Diskrepanz zwischen den gesellschaftlichen Werten und den Praktiken der Individuen feststellen. Martina Hasenfratz äußert sich dahingehend:

> „Trotz unterschiedlichster Bemühungen und einer unbestreitbaren Präsenz des Themas im öffentlichen Diskurs haben sich nachhaltige Handlungsweisen jedoch längst nicht etabliert. Im Gegenteil weisen nicht-nachhaltige Praktiken eine besondere Beharrlichkeit auf" (Hasenfratz 2018, S. 102).

Es scheint also ein Hindernis zu geben, welches die Menschen davon abhält ihr Handeln gemäß der allgemeingültigen, nachhaltigen Normen und Werte auszurichten. Hier ist zu ergänzen, dass es sich bei dem Begriff des Handelns sowohl um eine emische Kategorie der Befragten als auch eine etische Kategorie der Autorin handelt. Letztere bezieht sich zunächst auf das intentionale Handeln nach Weber und wird dann im Sinne Bourdieus in Richtung sozialer Praktiken weitergedacht.

Die beiden skizzierten Phänomene, die Vielfalt von Nachhaltigkeit sowie die Diskrepanz zwischen nachhaltigen Werten und Praktiken, sollen im Rahmen der vorliegenden qualitativen Forschung untersucht werden. Dabei wird zum einen der Frage nachgegangen, was unterschiedliche Personen unter Nachhaltigkeit verstehen und inwiefern sie die damit verbundenen Wertvorstellungen teilen. Im Zuge dessen soll nachvollzogen werden, wie die Aneignung bzw. die Abwesenheit nachhaltiger Wertvorstellungen zu erklären sind und wie sich die Überzeugungen in den Praktiken der Personen niederschlagen. Diese Erkenntnisse sollen in einer empirisch fundierten Typologie, welche die Bandbreite umweltethischer Verständnisse und Praktiken aufzeigt, münden. Zum anderen soll der soziale Tatbestand der Diskrepanz aufgegriffen werden. Diesbezüglich stellt sich die Frage, was die Gründe für derlei normabweichende Praktiken sind und ob es einen Zusammenhang zwischen Nachhaltigkeitsvorstellung und nicht nachhaltigen Aktivitäten gibt. Letzterer Aspekt soll ebenfalls in die Typologie miteinfließen.

Zur Beantwortung der Fragen werden im Rahmen einer Grounded Theory Daten aus teilnehmenden Beobachtungen in nachhaltig orientierten Feldern, Interviews mit nachhaltig und weniger nachhaltig lebenden Personen sowie Daten aus Internetforen analysiert. Die Datenerhebung fand zwischen Juli 2019 und September 2020 innerhalb von Deutschland statt.[3] Während des Feldaufenthaltes und der Datenanalyse kristallisierte sich zunehmend heraus, dass sich theoretische Konzepte aus der Umweltethik, Max Webers protestantische Ethik und Pierre Bourdieus Habitus-Konzept, als fruchtbare Ansätze erweisen könnten, um jene Nachhaltigkeitsphänomene greifbar zu machen. Aus diesem Grund wurden eben jene Theorien aufgegriffen und auf die Daten bezogen.

Die geplante Struktur der Arbeit sei im Folgenden kurz umrissen: In einem ersten Schritt wird in das Themenfeld eingeleitet und die Thematik im Hinblick auf den aktuellen Forschungsstand kontextualisiert sowie die Relevanz der Fragestellung begründet. Im Anschluss daran werden die theoretischen Grundlagen umrissen. Dies schließt einen Überblick über den Nachhaltigkeitsbegriff, umweltethische Konzepte, die protestantische Ethik von Weber und das Habitus-Konzept von Bourdieu ein. Der dritte Teil widmet sich der zugrundeliegenden Methodologie und dem methodischen Vorgehen. Darin wird auf die Forschungslogik der Grounded Theory und deren Analysevorgehen sowie auf den ethnografischen Feldzugang eingegangen. Der Hauptteil der Arbeit besteht in der nachfolgenden Präsentation und Auswertung des erhobenen Datenmaterials. In drei Kapiteln werden hierbei die zentralen Kategorien „Nachhaltigkeitsideologie“, „Aneignung und Hemmnisse der Nachhaltigkeitsideologie“, „Typen nachhaltiger Lebensweisen“ und „Diskrepanz zwischen Werten und Praktiken“ aufbereitet und mithilfe der theoretischen Grundlagen analysiert. Ein Fazit bildet das Ende der Ausarbeitung.

---

3 Die umfassende Dauer des Feldaufenthaltes ist dadurch zu erklären, dass die vorliegende Arbeit auf Daten aufbaut, welche im Rahmen eines Master-Projektseminars im Jahr 2019 erhoben wurden. Jene Daten wurden für das vorliegende Forschungsinteresse neu analysiert und durch eine Datenerhebung im Jahr 2020 ergänzt.

2. Stand der Forschung und Kontextualisierung

In einem ersten Schritt soll ein Überblick über den Stand der Forschung gegeben und das Forschungsinteresse darin verortet werden. Generell kann die interessierende Thematik dem Feld der Umweltsoziologie zugeordnet werden. Jene stellt eine Subdisziplin der Soziologie dar und wurde in den 1970er Jahren begründet. Auch wenn die Umweltsoziologie auf den ersten Blick recht jung zu sein scheint, so reichen ihre Wurzeln bis ins 19. Jahrhundert zurück. Bereits Marx, Weber und Simmel befassten sich in ihren Werken mit umweltsoziologischen Aspekten (vgl. Groß 2010, 645f). Über die Jahre wurden in der Umweltsoziologie mannigfaltige Forschungen durchgeführt und Publikationen veröffentlicht. Neben sehr allgemeinen Werken wie „Die Gesellschaft der Nachhaltigkeit" von Neckel et al. (2018) gibt es auch thematisch sehr spezifische Arbeiten wie zum Beispiel „Kommt erst das Fressen und dann die Moral. Eine feldexperimentelle Überprüfung der Low-Cost Hypothese und des Modells der Frame-Selektion" von Henning Best (2009). Schränkt man die Recherche hingegen auf das in Kapitel 1 dargelegte qualitative Forschungsinteresse ein, reduziert sich die Anzahl vergleichbarer Forschungen deutlich.

Eine nennenswerte Studie, welche sich ebenfalls mit dem individuellen Verständnis von Nachhaltigkeit befasst, stammt von Deborah Roy und Kolleg:innen (2015) und trägt den Titel „Making Sense of Sustainability: Exploring the Subjective Meaning of Sustainable Consumption". Darin gehen die Autor:innen der Frage nach, welche individuelle Bedeutung der Begriff „Sustainability" für in England lebende, nachhaltig orientierte Personen (pro-environmental people) hat. Durch die interpretative, phänomenologische Analyse von acht semistrukturierten Interviews gelangen sie zu dem Ergebnis, dass die Befragten primär Recycling-Praktiken mit dem Begriff verknüpfen. Ferner stellen sie fest, dass nachhaltige Praktiken teilweise ein Nebeneffekt und nicht das

Ergebnis der Befolgung einer nachhaltigen Ideologie sind. Überdies gelingt es ihnen aufzeigen, dass nicht nachhaltige Praktiken häufig aus einer Gedankenlosigkeit heraus resultieren und selbige als Grund dafür anzusehen ist, dass selbst nachhaltig interessierte Personen nicht nachhaltig agieren (vgl. Roy et al. 2015). Zwar befasst sich die beschriebene Studie mit dem Nachhaltigkeitsverständnis von Individuen, so beschränkt sie sich jedoch auf nachhaltig interessierte Personen. Damit schließt sie einen großen Personenkreis aus und kann nur ein kleines Spektrum nachhaltiger Orientierungen berücksichtigen. Dabei scheint es sich jedoch um keinen Einzelfall zu handeln. Auch eine Studie von Sander und Höttecke (2018) begrenzt ihr Sample auf einen spezifischen Personenkreis. In ihrer Forschung befassen sie sich mit den „Orientierungen von Jugendlichen beim Urteilen und Entscheiden in Kontexten nachhaltiger Entwicklung". Basierend auf der dokumentarischen Analyse von Leitfadeninterviews gelingt es Sander und Höttecke drei unterschiedliche Idealtypen nachhaltiger Orientierungen herauszuarbeiten. Jene bezeichnen sie als „Zukunftsgestalter", „Gegenwartsfokussierte" und „pessimistische Fatalisten". Damit einhergehende Erkenntnisse, wie das Desinteresse der „Gegenwartsfokussierten" an Vergangenheit und Zukunft sowie deren Streben nach der Befriedigung ihrer hedonistischen Wünsche, ist durchaus von Interesse (vgl. Sander und Höttecke 2018). Allerdings haben beide Studien gemein, dass sie lediglich auf einer kognitiven Ebene verblieben. (Soziale) Praktiken bleiben darin weitestgehend unberücksichtigt. Die vorliegende Arbeit strebt hingegen an, unter Einbezug eines heterogenen Personenkreises, das Spektrum nachhaltiger Vorstellungen und daraus resultierende Praktiken aufzuzeigen. Da es hierzu keine vergleichbaren Arbeiten zu geben scheint, schließt die vorliegende Untersuchung dahingehend eine Forschungslücke.

Die Diskrepanz zwischen Werten und Praktiken wurde in der Umweltsoziologie bereits in vielerlei Forschungen thematisiert, was für die wissenschaftliche Relevanz des Phänomens spricht. Selbiges ist allgemein als „Kluft zwischen Umweltbewusstsein und Umwelthandeln" (attitude-behaviour gap) bekannt (vgl. Huneke 2008, S. 98; Brand 2011, S. 176; Huber 2011, S. 309). Die meisten Studien nähern sich der Thematik aus einer quantitativen Perspektive an. Als Beispiele hierfür sind die Arbeiten „Kommt erst das Fressen und dann die Moral?" von Henning Best (2009) oder „Persönliches Umweltverhalten. Diskrepanzen zwischen Anspruch und Wirklichkeit" von Andreas Diekmann und

Peter Preisendörfer (2017) anzuführen. Genereller Konsens derlei Forschungen ist, dass das Umweltbewusstsein einer Person lediglich einen geringen Einfluss auf ihr Umwelthandeln hat. Empirische Studien konnten lediglich Korrelationswerte von rund 0,35 feststellen. Das bedeutet, dass durch das Umweltbewusstsein nur 10 - 15 Prozent der Verhaltensvarianz erklärt werden können. Aufbauend auf dieser Erkenntnis wurde in weiteren Studien damit begonnen multivariate Verfahren einzusetzen um weitere Merkmale, wie etwa die politische Einstellung oder soziodemographische Merkmale, in die Untersuchungen miteinzubeziehen (vgl. Diekmann und Preisendörfer 2017, 592f; Huber 2011, 308f). Zentrale Gründe für die Erklärung der Kluft sind demnach die soziale Erwünschtheit innerhalb dieser normativen Thematik und der Einfluss sozial-struktureller Bedingungen (vgl. Huber 2011, 309f).

In der qualitativen Forschung hat die Diskrepanz bisher bedingt Beachtung gefunden. Emil Juvan und Sara Dolnicar (2014) beispielsweise betrachten in ihrer Studie „The attitude-bahviour gap in sustainable tourism" das Urlaubsverhalten von Personen, die sich im Alltag nachhaltig engagieren. Durch die Auswertung von 25 teilstrukturierten Interviews, welche mit Mitgliedern aus Umweltorganisationen geführt wurden, gelangen die beiden Forscher:innen zu dem Ergebnis, dass den Befragten die negativen Auswirkungen ihres Urlaubsverhaltens auf die Umwelt weitestgehend bewusst sind. Zur Bewältigung dieser „kognitiven Dissonanzen" kommt es seitens der Interviewten zur Verleugnung der Folgen der Reise, Abwärtsvergleichen, dem Hervorheben von Kompensationshandlungen oder der Beschreibung des Urlaub als Ausnahme vom Alltag (vgl. Juvan und Dolnicar 2014). Nicht nur, dass die Zahl qualitativer Studien überschaubar ist, wie bei Juvan und Dolnicar sind die Werke zudem sehr spezialisiert oder auf bestimmte Personengruppen eingeschränkt. Die vorliegende Arbeit berücksichtigt hingegen ein heterogenes Sample. Dadurch soll ermöglicht werden, das Phänomen der Diskrepanz zwischen Werten und Praktiken von unterschiedlichen nachhaltigen Vorstellungen aus zu beleuchten und dadurch ein umfassenderes Verständnis zu erlangen. Ferner wird nicht nur die Diskrepanz und deren Gründe untersucht, sondern das Phänomen wird mit der Individualität von Nachhaltigkeitsvorstellungen in Verbindung gebracht. Grund dafür ist die Annahme, dass dadurch beide Aspekte besser verstanden werden können.

Im Anschluss an die erfolgte Verortung des Forschungsinteresses innerhalb der Forschungslandschaft werden im Weiteren die grundlegenden theoretischen Konzepte nachgezeichnet.

3. Theoretische Grundlagen

In diesem Kapitel wird zunächst der Nachhaltigkeitsbegriff historisch aufgearbeitet und dessen Pluralität aufgezeigt. Anschließend werden, um im späteren Verlauf eine Verortung nachhaltiger Orientierungen zu ermöglichen, die Konzepte „Anthropozentrik“ und „Physiozentrik“ vorgestellt. Als drittes werden die zentralen Erkenntnisse der protestantischen Ethik von Max Weber wiedergegeben. Grund für die Wahl dieser Theorie sind offenkundige Parallelen zwischen der nachhaltigen Ethik und dem asketischen Protestantismus. Abschließend wird, um eine Abkehr von der Annahme eines rein intentionalen Handelns zu ermöglichen, der Fokus auf soziales Handeln gelegt. Zu diesem Zweck wird das Habitus-Konzept von Pierre Bourdieu herangezogen.

3.1 Der Nachhaltigkeitsbegriff

Der Begriff „Nachhaltigkeit“ ist im öffentlichen Diskurs sehr populär. Bedingt durch diese alltägliche Bekanntheit wurde während des Feldaufenthaltes ebenfalls von Nachhaltigkeit und nicht von Umweltbewusstsein, gesprochen. Aufgrund der daraus resultierenden zentralen Rolle, welche der Nachhaltigkeitsbegriff in der vorliegenden Arbeit einnimmt, werden nachfolgend dessen Historie und Bedeutungen umrissen.

Das Wort „Nachhalten“ kann auf die Forstwirtschaftslehre um 1713 zurückgeführt werden. Hans Carl von Carlowitz stellte zu der Zeit fest, dass mehr Holz gefällt wurde als von selbst nachwuchs. Infolgedessen rief er dazu auf, nur so viel Holz zu fällen, wie auch nachwachse. Zusätzlich riet er Holz zu sparen, von Alternativen Gebrauch zu machen und Wälder gezielt anzupflanzen (vgl. Ott 2016, S. 62). Er forderte: „Gegenwärtige Naturnutzung soll im Interesse der Zukunft eingeschränkt werden“ (Ott 2016, S. 63). Carlowitz' Nachhaltigkeitsverständnis verbindet somit die Ökologie mit einem ethischen

Verantwortungsgefühl gegenüber späteren Generationen, welche auf die gleichen Ressourcen angewiesen sind (vgl. Ott 2016, 62f). Diese Auffassung von Nachhaltigkeit wurde bis Anfang des 20. Jahrhunderts immer wieder aufgegriffen. Ab 1970 entwickelte sich dann, im Rahmen einer globalen Entwicklungszusammenarbeit, eine neue Tradition des Nachhaltigkeitsbegriffs. Wie die Definition des Brundtland Berichts der WCED (World Commission on Environment and Development) deutlich macht, wird darin eher eine soziale Frage ins Zentrum gerückt:

> „Dauerhafte Entwicklung ist die Entwicklung, die die Bedürfnisse der Gegenwart befriedigt, ohne zu riskieren, daß künftige Generationen ihre eigenen Bedürfnisse nicht befriedigen können. Zwei Schlüsselbegriffe sind wichtig: Der Begriff von »Bedürfnisse«, insbesondere der Grundbedürfnisse der Ärmsten der Welt, die die überwiegende Priorität haben sollten; und der Gedanke von Beschränkungen, die der Stand der Technologie und sozialen Organisation auf die Fähigkeit der Umwelt ausübt, gegenwärtige und zukünftige Bedürfnisse zu befriedigen" (Ott 2016, S. 65).

Hierin zeichnet sich ab, dass neben der Sicherung der Bedürfnisbefriedigung „künftiger Generationen" auch gegenwärtig Lebende, insbesondere „die Ärmsten der Welt", geschützt werden sollen. Es geht also nicht mehr nur um den Erhalt der Umwelt als Lebensgrundlage, sondern darüber hinaus um den Schutz von Menschen.

Dieser skizzenhafte Rückblick soll deutlich machen, dass der Nachhaltigkeitsbegriff sehr umfassend ist und sich auf mehr als eine rein ökologische Dimension bezieht. Vielmehr wird mittlerweile ein Drei-Säulen-Modell angenommen, welches eine ökologische, eine soziale und eine ökonomische Dimension umfasst. Zuweilen gibt es sogar Überlegungen, die drei Hauptsäulen durch weitere Dimensionen zu ergänzen, wie zum Beispiel durch eine politisch-institutionelle oder eine gesundheitliche Säule (vgl. Brunner 2007, 1f). An diesem Punkt stellt sich die Frage, ob die Dimensionen selbst nicht immer noch zu sehr vereinfachen. Beispielsweise können unter ökologischer Nachhaltigkeit Klimaschutz, Umweltschutz oder Tierschutz gefasst werden. Selbstverständlich handelt es sich dabei um sehr feine Nuancen, die aber dahingehend von Bedeutung sind, dass sich während des Feldaufenthaltes gezeigt hat, dass Personen oft in einem der Teilbereiche von Nachhaltigkeit besonders interessiert bzw. spezialisiert sind. So warb beispielsweise ein Limonadenhersteller auf einer Nachhaltigkeitsmesse damit, dass seine Limonade regional und biologisch hergestellt wird, schenkte die Proben jedoch in Einwegplastikbechern aus. Hier wurde der Fokus demnach mehr auf die regionale und biologische Erzeugung als auf die Vermeidung von Plastikmüll gesetzt (vgl. 13:7)[4].

Nach diesem Einblick in die Pluralität des Nachhaltigkeitsbegriffs soll in einem nächsten Schritt auf Konzepte aus der Umweltethik eingegangen werden. Gemäß Huber sind die ethischen Orientierungen von Personen maßgebend für ein besseres Verständnis der Nachhaltigkeitsthematik (vgl. 2011, S. 94).

3.2 Umweltethische Orientierungen

Das bereits in Kapitel 2 angesprochene Konzept des Umweltbewusstseins stützt sich auf Aspekte der sozialpsychologischen Kognitions- und Verhaltensforschung. Demzufolge wird angenommen, dass Umweltbewusstsein die Komponenten Umweltwissen, Umwelteinstellungen sowie Verhaltensabsichten bzw. Sollvorstellungen beinhaltet (vgl. Huber 2011, S. 81). „Die Inhalte des Umweltbewusstseins, vor allem in seiner wertenden und konativen Komponente, als ein Komplex von Umwelteinstellungen, stehen in weltanschaulichen Sinnzusammenhängen“ (Huber 2011, S. 85). Über die Zeit hinweg haben sich diverse Forscher:innen mit diesen Weltanschauungen befasst und zwei konkurrierende Paradigmen herausgearbeitet, welche Huber unter den Begriffen Promodus und Anamodus zusammenfasst. Innerhalb eines promodalen Weltbildes grenzen sich die Menschen von der Umwelt ab und versuchen sich jene zu unterwerfen. Im Gegensatz dazu wird bei einem anamodalen Weltbild angenommen, dass der Mensch Teil der Umwelt ist und sich bestmöglich darin einzufügen versucht. Huber folgert, dass sich Personen in der Realität zwischen diesen beiden Extremen, meist in gemäßigteren Bereichen, bewegen (2011, S. 85-92).

In der Umweltethik wird von einem vergleichbaren Spektrum der Grundeinstellungen der Menschen ausgegangen. Eine Ethik geht dabei generell mit der Verantwortung für die eigene innere Haltung, dem eigenen Handeln und daraus resultierenden Folgen einher, so Huber. Er geht weiter davon aus, dass ohne Einbezug jener „moralisierenden

4 Die an dieser Stelle erstmalig aufgetretene Zitierweise bezieht sich auf die ID-Nummerierungen der Software Atlas.ti, welche unterstützend zur Kodierung des erhobenen Datenmaterials verwendet wurde. Die Ziffer 13 bezieht sich dabei auf das Dokument 13. Die weitere Untergliederung mittels des Doppelpunktes (13:7) verweist wiederum auf die genaue Zitatstelle innerhalb des Dokuments 13. Wenn Interesse daran besteht, Einsicht in eines der Transkripte/Dokumente zu erhalten, kann unter inesjunginger@gmx.de Kontakt mit der Autorin aufgenommen und das gewünschte Dokument angefragt werden.

Akteurssemantik" ökologische Diskurse, Umweltbewegungen oder umweltpolitische Entscheidungen nicht verstanden werden können (vgl. Huber 2011, S. 94). Demnach sind die Wertvorstellungen bzw. Ethiken der Akteur:innen von großer Relevanz. Die umweltethischen Gegenpaare zu Promodus und Anamodus bilden anthropozentrische und physiozentrische Ansätze. Letztere umfassen ihrerseits den Sentientismus, die Biozentrik, die Ökozentrik und den Holismus (vgl. Ott et al. 2016, 11f).

Im Rahmen einer anthropozentrischen Weltanschauung wird der Mensch als „Krone der Schöpfung" verstanden. Seine Aufgabe ist es, sich die Welt zu eigen zu machen. Die Natur dient dem Menschen zur Befriedigung seiner Bedürfnisse, bietet ihm einen Lebensraum und versorgt ihn mit Ressourcen. Damit geht auch eine gewisse Tendenz zum Materialismus einher (vgl. Huber 2011, S. 94). „Im Extrem wird eine Haltung, die auf Inbesitznahme, Beherrschung und Nutznießung abstellt, egoistisch rücksichtslos ausgelebt" (Huber 2011, S. 95). In einer gemäßigteren Variante geht die Priorisierung des Menschen jedoch mit dem Schutz der Umwelt einher. Huber spricht diesbezüglich von einem „aufgeklärten Eigeninteresse" (2011, S. 95). Denn der Schutz von Natur und Ressourcen, welche von den Menschen als für sie wertvoll betrachtet werden, dient wiederum dem Erhalt der eigenen Lebensgrundlage (vgl. Ott et al. 2016, S. 11; Huber 2011, S. 95). Huber nimmt an, dass eine gemäßigte anthropozentrische Umweltethik am häufigsten vertreten ist (2011, S. 95).

Die physiozentrischen Umweltethiken beinhalten stattdessen, dass sich die Menschen der Natur unterordnen bzw. sich in sie einfügen (vgl. Huber 2011, S. 95). „Das verbindet sich meist mit einem gewissen Commons-Idealismus bezüglich der Mitmenschen und der Nachwelt, aber auch der Tiere und Pflanzen als lebender Mitwelt in der Schöpfung" (Huber 2011, S. 95). Diese Form der Weltanschauung geht mit Bewunderung, Respekt und Liebe zur Natur und der sich darin befindenden Lebewesen und Dinge einher. Das bedeutet, dass der Mensch im Einklang mit der Natur agiert und sich mit ihr durch ein „seelisch-geistiges Band" verbunden fühlt (vgl. Huber 2011, S. 96). Wie bereits erwähnt wurde, handelt es sich bei der Physiozentrik lediglich um einen Überbegriff, der den Sentientismus, die Biozentrik, die Ökozentrik und den Holismus umfasst. Für ein besseres Verständnis der unterschiedlichen Nuancen soll nachfolgend jeder dieser Untertypen skizziert werden. Bei dem *Sentientismus* handelt es sich um die gemäßigtste Variante der Physiozentrik. Folgt eine Person diesem Ansatz schreibt sie nicht nur den Menschen, sondern allen fühlenden Lebewesen einen moralischen Eigenwert zu. Voraussetzung dafür ist die Annahme, dass ein Lebewesen sowohl positive als auch negative Empfindungen verspüren kann. Dem Menschen kommt dabei die Rolle des „Subjekts der Moral" bei, wodurch er die Aufgabe hat, das Leben aller „Empfindungswesen" zu berücksichtigen. Abhängig von der jeweiligen Strömung des Sentientismus führt das zu unterschiedlichen Konsequenzen. Während der strengere Flügel den vollständigen Verzicht auf Fleisch und Tierversuche fordert, ist für den gemäßigteren der Konsum von ethisch vertretbarem Fleisch sowie Tierversuche, die so auch an Menschen durchgeführt werden könnten, vertretbar (vgl. Krebs 2016, S. 157-160). Die *Biozentrik* geht über die Einstufung des Sentientismus hinaus. Sie schreibt ausnahmslos allen Lebewesen einen Eigenwert zu. Demnach sind nicht nur die Menschen, sondern alle Tiere, Pflanzen, Pilze und Bakterien schützenswert. Der Mensch als „Subjekt der Moral" muss folglich auf ein wesentlich breiteres Spektrum Rücksicht nehmen. Wie schon im Sentientismus gibt es auch in der Biozentrik unterschiedliche Strömungen. Während die egalitäre Biozentrik fordert, dass allen Lebewesen der gleiche Wert beigemessen wird, geht die hierarchische Bizoentrik von einer abgestuften Sichtweise in Bezug auf den Wert von Lebewesen aus (vgl. Engels 2016, S. 161). Die *Ökozentrik* unterscheidet sich von Anthropozentrik aber auch vom Sentientismus und der Biozentrik dahingehend, dass sie keine individualistische Moralauffassung vertritt, sondern auf das Wohl „kollektiver natürlicher Ganzheiten" wie z.B. Ökosystemen oder Arten abzielt. Der Wert eines einzelnen Lebewesens bemisst sich dabei in dessen Beitrag zum Wohl der übergeordneten Ganzheit (vgl. Dierks 2016b, S. 169). Die Ökozentrik ist gemäß Dierks jedoch kaum im heutigen Umweltdiskurs vertreten und stellt eher eine: „(...) notwendige, bewusst überspitzte Denkrichtung dar, um der verbreiteten Anthropozentrik und den individuenbasierten Umweltethiken ein ›Gegengewicht‹ und eine konträre Denk- und Sichtweise gegenüberzustellen" (2016b, 175f). Der letzte Untertypus der Physiozentrik wird als *Holismus* bezeichnet. Wie dessen Name bereits nahelegt, wird im Rahmen dieser ethischen Ausrichtung das große Ganze betrachtet. Infolgedessen gehen die Vertreter:innen dieser Ethik davon aus, dass eine moralische Verpflichtung nicht an bestimmte Kriterien, wie zum Beispiel die Empfindungsfähigkeit von Lebewesen, gebunden werden darf. Das ist im Sinne des Holismus moralisch nicht zu rechtfertigen. Stattdessen ist prinzipiell auf alles Existierende Rücksicht zu nehmen. Erst durch das Darlegen überzeugender Gründe ist es möglich, bestimmten Existenzen einen Eigenwert abzusprechen (vgl. Dierks 2016a, S. 179ff).

Zusammenfassend kann über die anthropozentrischen und physiozentrischen Umweltethiken gesagt werden, dass der zentrale Unterschied der beiden Weltanschauungen in der unterschiedlichen Priorisierung von Mensch und Umwelt liegt. Trotz dieser potenziellen Bandbreite des Spektrums umweltethischer Verständnisse kommt Huber jedoch zu dem Ergebnis, dass die Weltanschauung eines Menschen nur anthropozentrisch sein kann. Dies, so führt er weiter aus, ist jedoch kein Grund „hemmungslos anthropozentrisch" zu leben (vgl. Huber 2011, S. 96). Hubers Standpunkt wird zu einem späteren Zeitpunkt, unter Einbezug der gewonnenen Daten, noch einmal kritisch aufgegriffen.

Auch Max Weber misst der Befolgung von Ethiken eine große Bedeutung bei und sieht darin sogar das Potential, grundlegende Massenerscheinungen wie den Kapitalismus zu befeuern. Das nachfolgende Kapitel widmet sich eben jener Beobachtung.

3.3 Die protestantische Ethik nach Max Weber

Webers Werk „Die protestantische Ethik und der Geist des Kapitalismus" [1904-1905] (2016) ist eine der populärsten Schriften der Soziologie. Darin zeigt Weber auf, wie sich (religiöse) Ideen bzw. Weltanschauungen im Handeln der Menschen niederschlagen und so „in der Geschichte wirksam werden" (Müller 2007, 85f). Für die vorliegende Ausarbeitung ist das Werk insbesondere dahingehend von Interesse, da ihm gelingt aufzuzeigen, welchen Einfluss die Befolgung einer Ethik auf das Handeln von Personen haben kann und über welche Wirkungsmacht derlei Weltanschauungen folglich verfügen. Im Hinblick darauf, dass die nachhaltigen Wertvorstellungen in unserer Gesellschaft zunehmend an Popularität gewinnen, ist dies von besonderem Interesse. Hinzu kommt die Beobachtung, dass es zwischen der asketischen Lebensführung der Puritaner:innen bzw. dem Geist des Kapitalismus und der Lebensweise nachhaltig orientierter Personen deutliche Analogien zu geben scheint. Als da wären die rhetorische Parallele zum Protestantismus durch die Betitelung der Ökologiebewegung als „Öko-Religion" (vgl. Bolz 2019; Heisterhagen und Laurin 2019) und insbesondere die Aspekte der methodischen Lebensführung und des Verzichts. Während die Analogien in Kapitel 5 genauer herausgestellt werden, soll nachfolgend zunächst ein allgemeiner Einblick in Webers Werk gegeben werden. Anschließend werden sowohl die religiösen Grundlagen des asketischen Protestantismus als auch deren Einfluss auf das Erwerbsleben detailliert beschrieben.

3.3.1 Die Entstehung der protestantischen Ethik

Ausgangspunkt für „Die protestantische Ethik und der Geist des Kapitalismus" stellt Webers Beobachtung der vermehrten Überschneidung zwischen protestantischem Glauben und Kapitalbesitz bzw. Unternehmertum dar. Gemäß Weber kann dieser Zusammenhang nicht allein durch historische Gegebenheiten erklärt werden. Stattdessen nimmt er an, dass das divergierende Verhalten innerhalb des Erwerbslebens, wie zum Beispiel der Verbleib der Katholiken im Handwerk im Gegensatz zu dem Streben der Protestanten nach höheren Positionen, vor allem auf die „inneren Eigenarten" der Konfessionen zurückzuführen ist (vgl. Weber 2016, S. 29-33).[5]

> „Weber geht es also um die „Bedingtheit der Entstehung einer ‚Wirtschaftsgesinnung': des ‚Ethos', einer Wirtschaftsform, durch bestimmte religiöse Glaubensinhalte, und zwar an dem Beispiel der Zusammenhänge des modernen Wirtschaftsethos mit der rationalen Ethik des asketischen Protestantismus" (Müller 2007, 84f).

Im Gegensatz zu manchen Behauptungen sieht er die Reformation jedoch nicht als Ausgangspunkt für den Kapitalismus an, sondern stellt lediglich eine „Wahlverwandtschaft" zwischen der „methodisch-rationalen Lebensführung" des Protestantismus und der Berufsethik des Kapitalismus fest (vgl. Weber 2016, S. 75; Müller 2007, 85f). Weber ist demnach an dem Geist interessiert, welcher den Kapitalismus durchdringt. Jener ist insbesondere dahingehend interessant, als dass die kapitalistische Lebensweise für die Individuen selbst „schlechthin irrational" erscheint. So gelten die stetige Steigerung der eigenen finanziellen Mittel sowie die konsequente Ablehnung jeglichen Genusses als höchstes Ziel der kapitalistischen Ethik. Infolgedessen werden nicht etwa die Freuden, welche aus dem Erwerb gewonnen werden könnten, sondern der Erwerb an sich als Zweck des Lebens angesehen. Denn der Erwerb von Geld gilt als ein Zeichen von Tüchtigkeit im Beruf und eben jene „Berufspflicht" ist für die Wirtschaftsordnung zentral. Im Hinblick auf diesen irrational anmutenden Charakter stellt sich Weber die Frage, wie die Entstehung der kapitalistischen Lebensführung und das damit

5 An dieser Stelle ist anzuführen, dass sich Webers Werk auf die abendländische Kultur bezieht und dadurch eine eurozentristische Perspektive einnimmt (vgl. 2016, S. 146).

einhergehende Berufsverständnis zu erklären sind (vgl. Weber 2016, S. 42-44). Er geht davon aus, dass nicht etwa individuelle Vorstellungen, sondern die Weltanschauungen ganzer Gruppen nötig waren, um jene „Massenerscheinung“ hervorzubringen. Weiter nimmt er an, dass die Weltanschauungen dabei nicht naturgegeben sind, sondern das Resultat eines langen „Erziehungsprozesses“ darstellen (vgl. Weber 2016, S. 44-48). An dieser Stelle greift Weber die Verbindung zum Protestantismus auf. Denn im religiösen Kontext der Reformation finden sich ebenfalls Formen der methodisch-rationalen Lebensführung und der Vorstellung einer Berufspflicht wider (Müller 2007, S. 92). Er nimmt an, dass die „(...) psychologischen Antriebe, welche der Lebensführung die Richtung wiesen und das Individuum in ihr festhielten“ vorwiegend durch die „rein religiösen Glaubensvorstellungen“ befeuert wurden (Weber 2016, S. 79). Im Weiteren soll ein Überblick über eben jene religiösen Glaubensvorstellungen gegeben werden.

3.3.2 Religiöse Grundlagen des asketischen Protestantismus

Als historische Säulen des asketischen Protestantismus macht Weber den Calvinismus, den Pietismus, den Methodismus sowie täuferische Sekten aus. Auch wenn es sich dabei um eigene religiöse Bewegungen handelte, stand keine in extremen Kontrast zu den jeweils anderen. Insbesondere in dem hier zu beleuchtenden Aspekt der „sittlichen Lebensführung“ wiesen sie sogar starke Ähnlichkeiten auf. Doch kommt dem Calvinismus eine bedeutende Rolle in Webers Arbeit zu (vgl. Weber 2016, S. 77ff). Grund dafür ist, dass der Calvinismus in den „kapitalistisch am höchsten entwickelten Kulturländern“ besonders vertreten war (Weber 2016, S. 80). Zentrales Dogma der calvinistischen Bewegung war bzw. ist die „Lehre von der Gnadenwahl“. Die Lehre besagt, dass die Menschen im Stand der Sünde leben und allein nicht dazu in der Lage sind sich aus dieser Sündhaftigkeit zu befreien. Nur Gott verfügt über die Macht, Gnade walten zu lassen und die Menschen zu erlösen. Hierin stellt sich jedoch unvermeidlich die Frage, wem Gottes Erlösung zuteilwird. Die Entscheidung darüber, wer als erwählt gilt und wer verdammt wird, liegt allein bei Gott. Er fällt seine Entscheidung willkürlich und für alle Ewigkeit unabänderlich. Das Schicksal der Gläubigen ist somit vorherbestimmt und kann von ihnen selbst nicht beeinflusst werden (vgl. Weber 2016, S. 81f). Weber folgert, dass diese Überzeugung bei den Anhänger:innen der calvinistischen Ethik zu einer „Vereinsamung des einzelnen Individuums“ führte (2016, S. 85f). Grund dafür war, so Weber, dass die Menschen in dem für sie zentralen Aspekt der ewigen Seligkeit von niemandem, weder von Freunden, Predigern, Sakramenten oder der Kirche, Hilfe erwarten konnten. Dies mündete in einem „pessimistischen Individualismus". Dass der Calvinismus trotz dessen derart erfolgreich in der sozialen Organisation war, führt Weber auf dessen spezielle Form der „Nächstenliebe" zurück. Im Verständnis der calvinistischen Ethik handelt es sich dann um soziale Arbeit, wenn die Arbeit zu Gottes Ehren erfolgt (vgl. Weber 2016, S. 86-90):

> „Die ‚Nächstenliebe' äußert sich – da sie ja nur Dienst am Ruhme Gottes [193], nicht der Kreatur sein darf – in erster Linie in Erfüllung der durch die lex naturae gegebenen Berufsaufgaben, und sie nimmt dabei einen eigentümlich sachlich-unpersönlichen Charakter an, den eines Dienstes an der rationalen Gestaltung des uns umgebenden gesellschaftlichen Kosmos" (Weber 2016, S. 90f).

Aufbauend auf diesen Überlegungen stellt sich Weber als dann die Frage, wie die Calvinist:innen diese Lehre ertragen konnten. Gab es nicht doch Zeichen, welche die eigene Auserwählung testierten? Um die Qualen des Glaubens erträglicher zu machen, gibt es zwei seelsorgerische Ratschläge. Zum einen haben die Gläubigen die Pflicht davon auszugehen, dass sie erwählt sind. Zum anderen wird ihnen rastlose Berufsarbeit nahegelegt, um jegliche religiöse Zweifel zu zerstreuen und sich des Gnadenstandes sicher zu sein. Im Gegensatz zum Luthertum oder Katholizismus fordert Gott von den Calvinisten also nicht nur einzelne gute Taten zu vollbringen, sondern ihren Alltag systematisch im Sinne eines „heiligen Lebens" zu führen und sich so zu bewähren (vgl. Weber 2016, 92ff; 108). In Folge dessen wurde „die ethische Praxis des Alltagsmenschen ihrer Plan- und Systemlosigkeit entkleidet und zu einer konsequenten *Methode* der ganzen Lebensführung" (Weber 2016, S. 100). Die Ausrichtung des eigenen Alltags nach der religiösen Ethik bedeutet für die Gläubigen somit die Rationalisierung und (Selbst-)Beherrschung ihres gesamten Lebens, mit dem Ziel Gottes Ruhm zu erweitern. Doch geschieht diese Form der Askese nicht nur um Gottes Willen, sondern sie stellt gleichzeitig das einzige Mittel der Gläubigen dar, sich ihrer eigenen Seligkeit gewiss zu werden (vgl. Weber 2016, 101, 140). Im Gegensatz zu anderen Askesen, wie zum Beispiel der mittelalterlichen, handelt es sich bei der Askese des Protestantismus um eine rein innerweltliche. Sie findet also nicht länger in den Klöstern der Mönche und dadurch außerhalb des Alltags statt, sondern wird in das gesamte (Berufs-)Leben integriert (vgl. Weber 2016, 104, 141). Weber zeigt somit auf, dass das Berufsverständnis, welches der Ethik des asketischen Protestantismus entspringt, zentral für den kapitalistischen Geist war. Daraufhin geht er im weiteren Verlauf seiner Forschung der Frage nach, ob bzw. wie sich die Ideen jener Ethik im Berufsalltag niederschlugen (vgl. Müller 2007, S. 98). Kapitel 3.3.3 fasst seine Erkenntnisse dahingehend zusammen.

3.3.3 Einfluss der religiösen Ethik auf das Erwerbsleben

Webers Analysen bezüglich des Einflusses der religiösen Ethik auf das Erwerbsleben beziehen sich auf den asketischen Protestantismus als „Gesamtmasse" und basieren vornehmlich auf dem, von dem Puritaner Richard Baxter verfassten Werk „Christian Directory". Selbiges stellt eines jener Werke dar, welches den Gläubigen zur Seelsorge diente (vgl. Weber 2016, S. 141). Die ethischen Einflüsse auf die Entwicklung der kapitalistischen Lebensweise unterteilt Weber in indirekte (Reichtum, Zeit, Arbeit, Arbeitsteilung, Berufsarbeit, Berufsmobilität und Armut) und direkte (Konsumtion, Produktion und Aristokratisierung) (vgl. Müller 2007, S. 98). Nachfolgend werden zunächst die indirekten und im weiteren Verlauf die direkten Einflüsse skizziert.

Baxters Schrift warnt ihre Leser:innen davor, dass der durch die tüchtige Ausübung des Berufes bedingte Erwerb von *Reichtum* mit großen Gefahren einhergeht. Denn jene Versuchungen, die durch selbigen ermöglicht werden, gelten als sinnlos und sittlich bedenklich. Aus diesem Grund ist innerhalb eines asketischen Lebens jeglicher Wunsch nach dem Erwerb von Besitz untersagt (vgl. Weber 2016, S. 141ff). Der eigentlich kritische Aspekt, welcher sich hinter dem Begriff „sittlich bedenklich" verbirgt, ist das Ausruhen auf dem bzw. der Genuss dessen, was man erwirtschaftet hat. Problematisch daran ist, dass die Gläubigen dadurch vom Streben nach dem heiligen Leben abgebracht werden. Im Widerspruch dazu steht, dass die Gläubigen jedoch nur dann Gottes Ruhm steigern können, wenn sie sich vom Ausruhen abwenden und stattdessen aktiv handeln bzw. arbeiten. Die Vergeudung der eigenen *Zeit* wird so zu einer schwerwiegenden Sünde, da jede ungenutzte Stunde nicht zu Gottes Ehren verwendet wird (vgl. Weber 2016, S. 143). Ein weiterer indirekter Einfluss, welcher in Baxters Schrift eine zentrale Rolle einnimmt, ist der der *Arbeit.* So fordert Baxter in seinem Werk kontinuierlich „harte, stetige, körperliche oder geistige Arbeit" von den Gläubigen ein (Weber 2016, S. 145). Der Arbeit kommt dabei nicht nur die Funktion des asketischen Mittels bei, sondern sie wird vor allem als der von Gott bestimmte „Selbstzweck des Lebens" verstanden. Besonders deutlich manifestiert sich diese Überzeugung in dem

Satz „Wer nicht arbeitet soll nicht essen“. Selbst bereits bestehender Reichtum entbindet die Gläubigen nicht von diesem Gebot (vgl. Weber 2016, S. 146ff).

> „Denn für jeden ohne Unterschied hält Gottes Vorsehung einen Beruf (calling) bereit, den er erkennen und in dem er arbeiten soll, und dieser Beruf ist nicht wie im Luthertum[247] eine Schickung, in die man sich zu fügen und mit der man sich zu bescheiden hat, sondern ein Befehl Gottes an den einzelnen, zu seiner Ehre zu wirken“ (Weber 2016, S. 148f).

Des Weiteren wird in Bezug auf Arbeit in „Christian Directory“ auf den Aspekt der *Arbeitsteilung* bzw. Berufsgliederung eingegangen. Dadurch wird, so die Annahme, eine Spezialisierung der Berufe gewährleistet, welche zu einer erhöhten Leistung der Arbeiter:innen führt, die wiederum dem Allgemeinwohl zugutekommt. Derlei Berufe mit systematisch-methodischem Charakter sind nach Baxter notwendig, da Gelegenheitsjobs mit dem Risiko einhergingen der Faulheit zu verfallen. Weber folgert, dass von den Gläubigen nicht einfach nur Arbeit, sondern rationale *Berufsarbeit* gefordert wird. Die Tätigkeit innerhalb eines Berufes ist jedoch nicht unwiderruflich festgelegt. Vielmehr wird den Gemeindemitgliedern explizit nahegelegt mehrere Berufe zu kombinieren oder gar den Beruf zu wechseln, sofern dies dem eigenen und dem Allgemeinwohl nützlich ist und es sich um eine Tätigkeit handelt, die Gott wohlgefällig ist. Diese *Berufsmobilität* gilt auch für das Ergreifen einer Erwerbstätigkeit, welche den Gewinn einer Person steigert. Entgegen der oben beschriebenen Kritik am Reichtum wird die Aussicht auf einen Job mit höherem Erwerb, sofern sie nicht aus der Gier nach Genuss entsteht, als Ruf Gottes verstanden, welcher mit einer gewissen Absicht des selbigen einhergeht. Aus diesem Grund sind die Gläubigen dazu angehalten diese Gabe anzunehmen und Gott dadurch zu dienen (vgl. Weber 2016, S. 149ff). Im Gegensatz zu dem Interesse an der Steigerung des eigenen Erwerbs wird *Armut* als verwerfliche Sünde begriffen. Armut mindert den Ruhm Gottes und trägt nicht zur Nächstenliebe bei (vgl. Weber 2016, S. 153).

Neben den indirekten Einflüssen widmet sich Weber im weiteren Verlauf seiner Arbeit den direkten, welche unter den Begriffen Konsumtion, Produktion und Aristokratisierung zusammengefasst werden können (vgl. Müller 2007, 100f). Anhand jener drei, so Webers Annahme, zeigt sich der unmittelbare Einfluss der religiösen Askese und Berufsvorstellung auf die Lebensweise des Kapitalismus. Zunächst wendet er sich wieder der Askese und der damit einhergehenden

Unterbindung jeglichen „unbefangene Genießens“ zu. Der „triebhafte Genuss“ gilt als Gefahr für Berufsarbeit und Frömmigkeit und wird deshalb als Feindbild des rational asketischen Lebensstils betrachtet. Nicht nur die Vergeudung der Zeit, sondern auch die Kosten der Genuss- und Kulturgüter werden als bedenklich angesehen. Schließlich ist der Erwerb der Gläubigen nur eine Gnade Gottes, welche nicht verschwendet werden darf, sondern zu Gottes Ruhm gespart oder durch rastlose Arbeit vervielfacht werden soll (vgl. Weber 2016, S. 157-163). Demnach richtet sich die Ablehnung der religiösen Ethik nicht gegen den Erwerb bzw. Reichtum an sich, sondern gegen die damit einhergehende Gefahr des irrationalen Genusses (vgl. Weber 2016, S. 164). Die Kombination aus diesem Verständnis mit der Preisung der rastlosen Berufsarbeit als zentraler Bestandteil der Askese und Mittel zur eigenen Bewährung macht Weber als „denkbar mächtigsten Hebel der Expansion jener Lebensauffassung“ aus, welche er als Geist des Kapitalismus bezeichnet (2016, S. 165). Das durch die Askese erzwungene Sparen in Verbindung mit dem starken Erwerbstrieb der Gläubigen mündet somit in der stetigen *Produktion* von Kapital, welches wiederum in Anlagekapital umgewandelt wird. Dadurch trägt es zur Mehrung Gottes Ruhm bei und kann nicht für irrationale Genussgüter verschwendet werden. In dieser enormen Ansammlung von Kapital macht Weber jedoch die Tendenz zur „Veradligung“ bzw. *Aristokratisierung* der Gläubigen aus. Grund dafür war deren „Adels- und Titelsucht“ (vgl. Weber 2016, S. 165ff). Der Erwerb der Titel und der damit zusammenhängenden Ländereien führte jedoch häufig dazu, dass Teile des Bürgertums sich vom Handel und den Städten und auch vom asketischen Geist abwandten (vgl. Weber 2016, S. 166f). Neben dem Aspekt der Kapitalbildung erkennt Weber jedoch speziell den ökonomisch rationalen Lebensstil der Gläubigen als zentralen Moment und „Wiege des modernen ‚Wirtschaftsmenschen‘“ an (2016, S. 167). So folgert er:

> „Ein konstitutiver Bestandteil des [436] kapitalistischen Geistes, und nicht nur dieses, sondern der modernen Kultur: die rationale Lebensführung auf Grundlage der Berufsidee, ist – das sollten diese Darlegungen erweisen – geboren aus dem Geist der christlichen Askese“ (Weber 2016, S. 170).

Im Hinblick auf die von ihm skizzierten Einflüsse und Entwicklungen geht Weber abschließend auf den Kapitalismus seiner Zeit ein. Dabei kommt er zu dem Ergebnis, dass die Puritaner:innen Berufsmenschen sein wollten, die „modernen“ Menschen es hingegen sein müssen. Grund dafür ist, dass durch das Eindringen der Askese in das innerweltliche (Berufs-)Leben sich eine Wirtschaftsordnung etablieren konnte, die nun die Lebensweise der Individuen bestimmt. In diesem Zusammenhang spricht Weber auch von einem „stahlharten Gehäuse". Aus selbigem ist der Geist des Kapitalismus bereits längst verschwunden, was dessen Standhaftigkeit jedoch keinen Abbruch tut (vgl. Weber 2016, S. 171).

Sowohl Webers Theorie als auch die in Kapitel 3.1 beschriebenen Konzepte aus der Umweltethik haben gemein, dass sie soziales Handeln primär als das Ergebnis bewusster Entscheidungen bzw. der Befolgung einer Ethik begreifen (vgl. Krais und Gebauer 2002, S. 5). Praxistheoretische Wissenschaftler:innen kritisieren an dieser Stelle, dass dadurch der (soziale) Kontext weitestgehend ausgeblendet wird (vgl. Hasenfratz 2018, 103f; Jaeger-Erben 2017, S. 128). Grund dafür ist die Annahme, dass „(...) das meiste, was Menschen tun, Teil bestimmter sozialer Praktiken ist und nicht jeweils intentionalem Handeln entspringt" (Jaeger-Erben 2017, S. 128). Infolgedessen soll als Erweiterung der bisher skizzierten Theorien eine weitere hinzugezogen werden, welche eben jener Abkehr von intentionalem Handeln Rechnung trägt. Bourdieus Habitus-Konzept scheint sich diesbezüglich als fruchtbarer Ansatz zu erweisen und soll im nachfolgenden Kapitel umrissen werden. Aus forschungspragmatischen Gründen wird dabei lediglich auf das Habitus-Konzept im engeren Sinne und insbesondere die Bedeutung von Körperlichkeit und Praktiken eingegangen.

3.4 Das Habitus-Konzept nach Pierre Bourdieu

Der Ausdruck „Habitus" findet in vielen Disziplinen, wie zum Beispiel in der Biologie, der Medizin oder der Philosophie, Verwendung. Aber auch in der Soziologie selbst greifen diverse Wissenschaftler:innen, darunter Émile Durkheim, Norbert Elias und auch Max Weber, den Begriff in ihren Werken auf. Aus diesem Grund ist seine Definition stark von dem jeweiligen Verwendungskontext abhängig. Die vorliegende Ausarbeitung orientiert sich indes an dem von Pierre Bourdieu entwickelten Habitus-Konzept, welches in der Soziologie äußerst renommiert ist. Als Habitus versteht Bourdieu die „Wahrnehmungs- Denk- und Handlungsschemata" einer Person, die in der sozialen Praxis erworben und verinnerlicht bzw. inkorporiert werden. Der Habitus ist demnach die Verkörperung des Sozialen (vgl. Lenger et al. 2013, 13f; Krais und Gebauer 2002, S. 5).

Im weiteren Verlauf des Kapitels wird zunächst ein kurzer Überblick über die Entstehung von Bourdieus Habitus-Konzept gegeben. Daran anschließend werden das generative Prinzip sowie die Strukturkategorien Klasse, soziales Feld und Geschlecht vorgestellt, um die Funktionsweise des Habitus zu veranschaulichen. Abschließend wird auf die Bedeutung von Lernprozessen sowie des Körpers eingegangen.

3.4.1 Bourdieus Entwicklung des Habitus-Konzepts

Im Rahmen von Arbeiten in Algerien entwickelte sich Bourdieu von einem Philosophen hin zu einem Ethnologen und Soziologen. Den zu jener Zeit entstandenen Werken, in denen er sich insbesondere mit den kabylischen Bauern befasst, entspringt sein Habitus-Konzept. Im Zuge dieser Forschungsarbeiten gelangt Bourdieu zu der Erkenntnis, dass das Verständnis von (ökonomisch) rationalem Handeln nicht universell gültig, sondern von sozialen Voraussetzungen abhängig ist. Überdies stellt er fest, dass das Handeln der kabylischen Bauern eigene soziale Voraussetzungen hat, die wiederum tief in den Individuen eingeprägt sind. Auch wenn Bourdieu zu diesem Zeitpunkt noch keinen Gebrauch von dem Begriff „Habitus" macht, so erkennt er jenen der kabylischen Bauern und stellt fest, dass jener nicht an die, durch die Kolonisierung einhergegangenen Strukturen, angepasst ist. Diesen Sachverhalt bezeichnet er in späteren Arbeiten als „Hysteresis" oder auch Trägheit des Habitus (vgl. Krais und Gebauer 2002, S. 18-21).

> „Die Erfahrungen dieser Existenzbedingungen hatten sich in bestimmten Wahrnehmungs- und Handlungsdispositionen in den Individuen niedergeschlagen, die selbst dann noch wirksam waren, als ihre materiellen Lebensverhältnisse sich tief greifend verändert hatten" (Krais und Gebauer 2002, S. 22).

Seine Erkenntnis der Verinnerlichung von Geschichte bzw. Erfahrungen innerhalb eines Individuums stellt ebenfalls die Entdeckung der ersten von zwei Seiten des Habitus dar. Jene bezeichnet er in späteren Arbeiten als strukturiertes Produkt (opus operatum). In Auseinandersetzung mit Werken von Erwin Panofsky gelang es ihm dann auch die zweite Seite des Habitus aufzuzeigen. Jene der strukturierenden Struktur (modus operandi), welche als Erzeugungsprinzip gesellschaftliche Praxis hervorbringt (vgl. Krais und Gebauer 2002, 6f, 22; Bourdieu 2003, 279-283).

In welcher Art und Weise der Habitus funktioniert soll im nächsten Kapitel anhand des generativen Prinzips und der Strukturkategorien Klasse, soziales Feld und Geschlecht genauer erläutert werden.

3.4.2 Das generative Prinzip und die zentralen Prinzipien sozialer Ordnung

Bourdieu nutzt das Konzept der „generativen Grammatik" von Noam Chomsky, um die „aktive, erfinderische, schöpferische Fähigkeiten" des Habitus zu unterstreichen (Bourdieu 1999, S. 286; vgl. Krais und Gebauer 2002, S. 31). Ungleich Chomskys Annahme der Angeborenheit einer Universalgrammatik der Sprache nimmt Bourdieu jedoch an, dass der Habitus nicht etwa angeboren, sondern eine erfahrungsabhängige Konstruktion ist. Trotz dieser gegensätzlichen Grundannahme ist Chomskys generative Grammatik für Bourdieu dahingehend von Interesse, da sie annimmt, dass Individuen ein System generativer Strukturen besitzen, welches ihnen eine unbeschränkte Anzahl an Äußerungen ermöglicht und sie dadurch für jegliche Situation gewappnet sind. Das Konzept einer solchen Handlungsgrammatik lässt sich gemäß Bourdieu verwenden, um die Position des Habitus zwischen dem Individuum und der Gesellschaft zu verdeutlichen. Demnach ist regelkonformes Verhalten nicht auf das Befolgen der Individuen von einer äußeren Grammatik zurückzuführen. Stattdessen findet der Prozess in den Personen selbst statt, indem deren Habitus so konstruiert ist, dass er zu Handlungen führt, welche mit der Grammatik kongruieren. Bourdieu folgert weiter, und geht damit über Chomskys eigene Überlegungen hinaus, dass das wiederum dadurch ermöglicht wird, dass die innere Grammatik der Individuen durch deren Erfahrungen mit der Gesellschaft entstanden ist (vgl. Krais und Gebauer 2002, 31ff):

> „In dieser Sichtweise wird Grammatik nicht statisch gedacht, sondern als ein dynamischer Vorgang des Erzeugens durch die Subjekte selbst, in dem die Grammatik durch die Aktivitäten der Handelnden immer aufs Neue hervorgebracht werden" (Krais und Gebauer 2002, S. 33).

Bourdieu weist diesbezüglich darauf hin, dass es sich hierbei nicht nur um mentale Akte handelt, sondern der Körper stets daran beteiligt ist (vgl. Krais und Gebauer 2002, 33f). Auf die besondere Bedeutung des Körpers innerhalb des Habitus-Konzeptes nach Bourdieu wird in Abschnitt 3.4.3 noch genauer eingegangen. In einem nächsten Schritt werden zunächst die für das Habitus-Konzept zentralen Strukturen Klasse, soziales Feld und Geschlecht beleuchtet.

Mit der Kategorie „soziale Klasse" umfasst Bourdieu die vertikale soziale Ungleichheit. Darunter fällt die ungleiche Verteilung von Kapital (ökonomisches, kulturelles, soziales und symbolisches) innerhalb des sozialen Raums (vgl. Krais und Gebauer 2002, S. 35; Lenger et al. 2013, S. 21). Bourdieu begreift die moderne Gesellschaft als Klassengesellschaft, deren Klassen jedoch erst im Rahmen von Alltagshandeln zur sozialen Wirklichkeit werden. Er nimmt weiter an, dass Personen mit vergleichbaren Existenzbedingungen ähnliche Habitus ausbilden, welche dann als Klassenhabitus bezeichnet werden können. Die soziale Situation bzw. Klasse äußert sich demnach im Geschmack der Individuen (vgl. Lenger et al. 2013, S. 27; Krais und Gebauer 2002, 36f).

> „Der Geschmack: als Natur gewordene, d.h. inkorporierte Kultur, Körper gewordene Klasse, trägt er bei zur Erstellung des ‚Klassenkörpers'; als inkorporiertes, jedwede Form der Inkorporation bestimmendes Klassifikationsprinzip wählt er aus und modifiziert er, was der Körper physiologisch wie psychologisch aufnimmt, verdaut, und assimiliert, woraus folgt, daß der Körper die unwiderlegbarste Objektivierung des Klassengeschmacks darstellt, diesen vielfältig zum Ausdruck bringt (...)" (Bourdieu 2003, S. 307).

Der von der jeweiligen Klasse geprägte Geschmack wirkt sich demnach auf Aspekte wie Sprache, musikalische und künstlerische Vorlieben, Bildung usw. aus. Dabei handelt es sich jedoch keineswegs um oberflächliche „Lebensstile", sondern es drückt sich darin ein jeweils anderes Verhältnis zur Welt und zum eigenen Körper aus. Derlei Unterschiede zwischen den sozialen Klassen können gemäß Bourdieu lediglich mit dem Habitus erklärt werden. Weiter führt er an, dass die inkorporierten Erfahrungen der Individuen sich in ihren Praktiken niederschlagen und sie dadurch in ihren Klassen verbleiben und sogar selbst an deren Reproduktion mitwirken (vgl. Krais und Gebauer 2002, S. 40-43).

> „Der Geschmack bewirkt, daß man hat, was man mag, weil man mag, was man hat, nämlich die Eigenschaften und Merkmale, die einem de facto zugeteilt und durch Klassifikation de jure zugewiesen werden" (Bourdieu 2003, S. 286).

Folglich wirkt sich die Klassenlage auf den Habitus und somit auch auf die Praxis der Menschen aus. Die Tatsache, dass sich trotz dieser Logik unterschiedliche Habitusmuster innerhalb einer Klasse finden, führt Bourdieu auf den Trägheitseffekt bzw. die Hysteresis des Habitus zurück. Der Effekt beschreibt das Beharrungsvermögen des inkorporierten Habitus, welches trotz veränderter Existenzbedingungen über Generationen anhalten kann (vgl. Lenger et al. 2013, S. 24; Bourdieu 2003, S. 238). Obgleich dieser Trägheit und der Tatsache, dass der Habitus persönliche und soziale Identität ist und daher nicht einfach nach

Belieben gewechselt werden kann, räumt Bourdieu die Möglichkeit eines sozialen Aufstiegs ein. Hier sieht er die Schule als treibende Kraft für Veränderungen in Verhalten und Geschmack und folglich auch für den sozialen Aufstieg. Die Veränderung des Habitus erfolgt jedoch nicht im Sinne einer radikalen Transformation, sondern eher in Form einer Weiterentwicklung (vgl. Krais und Gebauer 2002, 46f).

Die zweite wichtige Kategorie bezeichnet Bourdieu als „soziale Felder" und beschreibt damit die Arbeitsteilung innerhalb der modernen Gesellschaft. Unter sozialen Feldern versteht er „(...) historische, durch Ausdifferenzierung entstandene und von Machtstrukturen durchzogene gesellschaftliche Teilbereiche" (Lenger et al. 2013, S. 21). Als Beispiele hierfür können unter anderem Politik, Wissenschaft, Literatur oder Religion angeführt werden (vgl. Krais und Gebauer 2002, S. 54f). Jedes dieser Felder folgt wiederum einer eigenen Logik (vgl. Bourdieu 2003, S. 175). Folglich differenziert Bourdieu nicht nur zwischen den in den Feldern agierenden Individuen, sondern erkennt die jeweilige Eigenlogik der unterschiedlichen Felder an (vgl. Krais und Gebauer 2002, S. 55). „(...) so geht es Bourdieu gerade um das über den Habitus vermittelte Zusammenwirken von handelnden Subjekten und sozialen Feldern" (Krais und Gebauer 2002, S. 55). Letztere werden von Bourdieu als Kräftefelder verstanden, innerhalb derer es zur Konkurrenz zwischen den Akteur:innen kommt. Das darin stattfindende Spiel um Macht und Einfluss ist jedoch bei weitem kein reines Spiel, geht es schließlich um die soziale Existenz der Akteur:innen. Die Teilnehmer:innen sind dabei in relevanten Merkmalen verschieden, wodurch die Annahme einer Homogenität des Feldes unzutreffend ist (vgl. Krais und Gebauer 2002, S. 56f). Vielmehr ist die Ungleichheit der Akteur:innen konstitutiv für das Feld. Trotz deren Verschiedenheit haben sie jedoch eine Gemeinsamkeit, nämlich den „Sinn für das Spiel" bzw. dass das Feld zur eigenen Identität gehört. Die mit dem Eintritt in das Feld gewonnen Erfahrungen lagern sich dabei in den Habitus ein, werden für das Individuum selbstverständlich, wodurch die Eigenlogik des Feldes unentdeckt bleibt (vgl. Krais und Gebauer 2002, S. 58ff).

Neben der allgemeinen Arbeitsteilung findet in der abendländischen Gesellschaft ebenfalls eine Teilung zwischen den Geschlechtern statt, welche mit einem Herrschaftsverhältnis einhergeht. Jene versucht Bourdieu mit dem Konzept des Geschlechts greifbar zu machen. Wie bereits in Bezug auf die Reproduktion der Klassen macht Bourdieu darauf aufmerksam, dass beide Geschlechter mittels ihrer sozialen Praxis an der Reproduktion der Arbeitsteilung zwischen den Geschlechtern beteiligt sind (vgl. Krais und Gebauer 2002, S. 48).

> „Und wie bei seinen Überlegungen zum Verhältnis von Klassenlage und Lebensführung ist auch hier der Habitus der Operator, das generative Prinzip, das zwischen der sozialen Struktur der Zweigeschlechtlichkeit und dem Handeln der Individuen vermittelt – in diesem Fall einem Handeln, das als *doing gender* beschrieben wird“ (Krais und Gebauer 2002, S. 48f).

Bourdieu nimmt demnach an, dass eine vergeschlechtlichte heteronormative Weltsicht in jeden Habitus eingelagert ist. Der Habitus ist jedoch nicht nur mit dem Moment der Geburt dieser polaren Unterteilung ausgesetzt, sondern führt selbst dazu, dass sich jene Klassifikation in unserem Alltagshandeln widerspiegelt. Durch die geschlechtsspezifische Prägung des Habitus wird weiterhin bewirkt, dass Körper dementsprechend geformt und Körpergewohnheiten determiniert werden (vgl. Krais und Gebauer 2002, S. 49f).

3.4.3 Lernprozesse und Körperlichkeit

Wie schon im vorangegangenen Kapitel angesprochen wurde, ist der Habitus einer Person nicht angeboren. Die Inkorporation sozialer Praktiken erfolgt ab der frühsten Kindheit im Rahmen der Sozialisation bzw. Habitusformierung. Mit dem Moment ihrer Geburt ist eine Person Mitglied der Gesellschaft und in soziale Zusammenhänge und Interaktionen eingebunden. Die Erfahrungen der Existenzbedingungen in der Kindheit prägen den Habitus und individuelle Präferenzen sind auf schulische- und familiäre Erziehung zurückzuführen. Doch nicht nur Lernprozesse im Kindesalter bilden und formieren den Habitus einer Person. Durch Einbezug des Konzeptes der sozialen Felder weist Bourdieu auf die Möglichkeit hin, dass es auch zu einem späteren Zeitpunkt im Leben eines Individuums zu Lernprozessen in gesellschaftlichen Teilbereichen kommen kann, wodurch der Habitus modifiziert und verändert werden kann. Tritt man in ein neues Feld ein, muss der eigene Habitus nicht im Vorfeld daran angepasst sein (vgl. Lenger et al. 2013, S. 23; Krais und Gebauer 2002, S. 61). „Der praktische Glaube an das Feld entsteht bei den Akteuren, indem sie teilnehmen am Spiel (...)“ (Krais und Gebauer 2002, S. 62). Viel wichtiger ist, dass der Habitus eine gewisse Nähe aufweist, formbar ist und sich in einen „konformen Habitus konvertieren“ lässt. Er muss demnach offen für eine Restrukturierung sein. Von zentraler Bedeutung ist dabei das sogenannte mimetische Lernen, welches durch körperlich-sinnliche Interaktion, wie beispielsweise dem Einüben von Bewegungen und Gesten, besonders an der Ausbildung des Habitus beteiligt ist.

Wie nun bereits mehrfach angeklungen ist, kommen dem Körper und sozialen Praktiken in Bourdieus Habitus-Konzept eine zentrale Rolle bei (vgl. Lenger et al. 2013, S. 24). So schreibt er:

> „Es scheint durchaus, als würden die mit bestimmten sozialen Verhältnissen gegebenen Konditionierungsprozesse das Verhältnis zur sozialen Welt in ein dauerhaftes und allgemeines Verhältnis zum eigenen Leib festschreiben – in eine ganz bestimmte Weise, seinen Körper zu halten und zu bewegen, ihn vorzuzeigen, ihm Platz zu schaffen, kurz: ihm soziales Profil zu verleihen" (Bourdieu 2003, S. 739).

Diesbezüglich spricht Bourdieu auch von der körperlichen Hexis. Dadurch überwindet er die, beispielsweise in der Rollentheorie vorherrschende Annahme, dass Handlungen auf Normen, Gesetze und Rollen zurückzuführen und von jeglicher Körperlichkeit losgelöst sind. Stattdessen begreift er den Habitus als inkorporierte Struktur bzw. Zustand des Leibes und folgert weiter, dass gesellschaftliche Ordnung durch soziale Praktiken und nicht etwa mentale Prozesse hergestellt wird. Es gilt zu beachten, dass sich im Körper nicht bloß die inkorporierten Erfahrungen einer Person sammeln und manifestieren und der Körper nicht nur als Medium des Habitus dient, sondern er als Speicher sozialer Erfahrungen zu verstehen und somit substanzieller Teil des Habitus einer Person ist (vgl. Krais und Gebauer 2002, 74f). Der Körper wird „(...) im Habitus-Konzept zum konstitutiven Bestandteil des handelnden Subjekts und damit der sozialen Welt (...)" (Krais und Gebauer 2002, S. 76).

Nach der Übersicht über die theoretischen Konzepte soll das nachfolgende Kapitel einen Einblick in die methodologischen und methodischen Grundlagen der vorliegenden Arbeit geben.

4. Methodisches Vorgehen

Wie in den vorangegangenen Kapiteln deutlich wurde, zielt das Forschungsinteresse auf die Vielfalt individueller Nachhaltigkeitsvorstellungen und Praktiken sowie die Diskrepanz zwischen Werten und Praktiken ab. Für einen verstehenden Einblick in diese sozialen Phänomene ist eine qualitative Herangehensweise erforderlich. Dabei wird angestrebt, aus dem Datenmaterial heraus theoretische Schlüsse zu ziehen und nicht etwa die Analyse auf eine vorab festgelegte, bestehende Theorie zu reduzieren. Hintergrund dessen ist die Annahme, dass durch einen weitestgehend uneingeschränkten Blick auf das Material ein tiefgreifenderes Verständnis der Daten möglich ist. Aufgrund dessen wurde die Grounded Theory sowohl als übergeordnete Forschungslogik als auch als Auswertungsmethode gewählt. Die Datenerhebung fand dabei im Rahmen eines ethnografischen Feldzugangs statt.

Nachfolgend werden zunächst die methodologischen Prämissen der Grounded Theory beschrieben. In einem weiteren Schritt werden dann die Verfahren der Datenerhebung und der Datenanalyse vorgestellt sowie auf die angestrebte Typenbildung eingegangen. Abschließend wird ein Überblick über das daraus hervorgegangene Datenmaterial gegeben.

4.1 Die Forschungslogik der Grounded Theory

Bei der Grounded Theory handelt es sich um einen Forschungsstil, welcher die „Entdeckung von Theorie auf der Grundlage von in der Sozialforschung systematisch gewonnenen Daten“ zum Ziel hat (Glaser und Strauss 1998, S. 12). Das Verfahren wurde in den 1960er Jahren von Barney Glaser und Anselm Strauss im Rahmen einer Feldstudie zum Umgang von Klinikpersonal mit Sterbenden entwickelt (vgl. Strauss 1998, S. 30). Im Anschluss an das daraus entstandene Werk „The Discovery of Grounded Theory“ kam es jedoch zum Bruch zwischen

Glaser und Strauss und sie begannen unterschiedliche Richtungen innerhalb dieses Forschungsstils einzuschlagen (vgl. Strübing 2008, 8f). Die vorliegende Ausarbeitung ist ihrerseits an Strauss' Werke angelehnt. Grund dafür ist die Übereinstimmung mit Strauss' Ansicht, dass Forschung:

> „(...) weder willkürlich (also rein mental und unabhängig von der ‚Welt da draußen'), noch auf der Basis eines dominanten theoretischen Vorverständnisses, sondern in einem kleinteiligen Prozess praktischen Experimentierens mit denkbaren Erklärungen geschieht" (Strübing 2007, S. 162).

Im Gegensatz zu anderen Forschungsansätzen wird in der Grounded Theory der zentrale Standpunkt vertreten, dass innerhalb der Forschungsarbeit die Schritte Datenerhebung, Datenanalyse und Theoriebildung in einem spiralförmigen Prozesses zeitlich ineinandergreifend stattfinden (vgl. Strübing 2008, S. 14). Ausdruck findet diese Prämisse unter anderem in dem sogenannten theoretischen Sampling. Darin werden die im Verlauf einer Forschung zu erhebenden Daten durch die bis dahin entwickelte Theorie bestimmt (Glaser und Strauss 1998, S. 53; Strübing 2008, S. 30). Im Umkehrschluss trägt das Sampling durch die Auswahl der Daten wiederum zur Theoriebildung bei (vgl. Truschkat et al. 2011, 353). Die Frage danach, wann diese theoretisch geleitete Datenerhebung endet, kann wiederum durch das Kriterium der theoretischen Sättigung beantwortet werden. Sättigung meint dabei den Zeitpunkt innerhalb der Forschung:

> „(...) an dem zusätzliche Daten und eine weitere Auswertung keine neuen Eigenschaften der Kategorie mehr erbringt und auch zu keiner Verfeinerung des Wissens um diese Kategorie mehr beiträgt" (Strübing 2008, S. 33).

Eine weitere zentrale Prämisse der Grounded Theory ist die Methode des ständigen Vergleichs. Sie leitet insbesondere den Kodierprozess und betont die Relevanz des permanenten Vergleichens der Daten miteinander. In Rahmen dessen können Unterschiede und Gemeinsamkeiten der Vorkommnisse herausgearbeitet werden. Diese Vorgehensweise ermöglicht es der forschenden Person gegenstandsbezogene theoretische Konzepte und deren strukturelle Eigenschaften zu generieren (vgl. Strübing 2008, S. 18). Ferner fordert das Verfahren das Schreiben von sogenannten theoretischen Memos. Bereits mit dem ersten Kodiervorgang soll damit begonnen und während des gesamten Forschungsprozesses hinweg fortgeführt werden. Die Memos haben die Funktion Überlegungen und Erkenntnisse der forschenden Person festzuhalten und tragen maßgeblich zur Entwicklung der Theorie bei (vgl. Corbin und Strauss 1990, S. 10).

4.2 Datenerhebung im Rahmen eines ethnografischen Feldzugangs

Bedingt durch das Forschungsinteresse wurde für die Datenerhebung ein ethnografischer Feldzugang gewählt. Gemäß Breidenstein et al. (2013, S. 31) ist die Ethnografie als „historisch gewachsenen kulturwissenschaftliche Erkenntnishaltung" zu verstehen. Diese weist vier grundlegende Charakteristika auf. Die Ethnografie ist an der Beschreibung sozialer Praktiken interessiert. Um Zugang zu eben jenen zu erhalten ist für sie die Feldforschung, als andauernde und unmittelbare Erfahrung, von zentraler Bedeutung. Auch wenn die teilnehmende Beobachtung kennzeichnend für die Ethnografie ist, darf letztere nicht als Methode bzw. Regelwerk verstanden werden. Es handelt sich vielmehr um einen integrierten Forschungsansatz, welcher unterschiedliche Methoden und Daten miteinander kombiniert. Außerdem ist das Schreiben von besonderer Bedeutung für ethnografische Studien. Grund dafür ist die Annahme, dass soziale Phänomene erst durch deren Verschriftlichung „zur Sprache gebracht werden" (vgl. Breidenstein et al. 2013, S. 33-36). Aus diesen zentralen Prämissen ergibt sich die Frage, wie eine ethnografische Forschung konkret abläuft. Das soll anhand von exemplarischen Beispielen aus der durchgeführten Untersuchung veranschaulicht werden.

In einem ersten Schritt muss die forschende Person eine Fallauswahl treffen (vgl. Breidenstein et al. 2013, 46f). Aufgrund des zugrundeliegenden Forschungsinteresses wurde sich für ein Feld entschieden, bei dem davon ausgegangen werden konnte, dass dort Personen anzutreffen sind, die an einem nachhaltigen Leben orientiert sind. Infolgedessen fiel die Wahl auf einen Unverpacktladen. Die Kontaktaufnahme zu dem gewählten Feld verlief problemlos. Nach einer sowohl mündlichen persönlichen als auch schriftlichen Vorstellung wurde die Forscherin herzlich und beinahe stolz von den Inhaber:innen des Ladens ins Feld aufgenommen. Im Weiteren wurden dann, ganz im Sinne der multimethodischen Ausrichtung einer ethnografischen Forschung, unterschiedliche Methoden zur Datenerhebung genutzt (vgl. Breidenstein et al. 2013, S. 71). Einen Teil der Feldforschung stellten teilnehmende Beobachtungen dar. Beobachtung meint in diesem Fall:

> „(…) zunächst alle Formen der Wahrnehmung unter Bedingungen der Ko-Präsenz: also alle Sinneswahrnehmungen, die sich per Teilnahme

> erschließen. Beobachten ist also die Nutzung der kompletten Körpersensorik des Forschenden: das Riechen, Sehen, Hören und Ertasten sozialer Praxis. Aber auch der soziale Sinn der Forscherin, ihre Fähigkeit zu verstehen, zu fokussieren, sich vertraut zu machen, fällt in ihre Aufnahmekapazität" (Breidenstein et al. 2013, S. 71).

Dieses Vorgehen ermöglicht es der forschenden Person das Feld und dessen sozialen Praktiken zu „entdecken" und Daten „aus erster Hand" zu generieren (vgl. Breidenstein et al. 2013, 13; 71). Zu diesem Zweck führte die Forscherin mehrere Beobachtungen in ein und demselben Unverpacktladen durch. Im Sinne einer Beobachtungsintensivierung nach Breidenstein et al. fanden die Beobachtungen jeweils an anderen Tagen und zu unterschiedlichen Zeitpunkten statt (2013, S. 79). Außerdem wurden Beobachtungen in anderen Unverpacktläden, bei einer Nachhaltigkeitsmesse, einem Treffen von Umweltaktivist:innen und einer Diskussionsrunde mit der Grünen-Politikerin Claudia Roth durchgeführt.

Ergänzend dazu wurden Interviewdaten erhoben. Grundsätzlich kann dabei zwischen zwei Interviewtypen unterschieden werden. Zum einen gibt es die sogenannten ethnografischen Interviews. Dabei handelt es sich um informelle Gespräche, welche während der teilnehmenden Beobachtung geführt werden (vgl. Breidenstein et al. 2013, S. 80). Zum anderen kann die forschende Person zusätzlich auf explizite Interviews zurückgreifen. Darunter sind all jene Interviews zu verstehen, welche vorab mit den Interviewten vereinbart und außerhalb des Feldaufenthaltes geführt werden (vgl. Breidenstein et al. 2013, S. 80). Neben ethnografischen Interviews wurden in der vorliegenden Forschung auch explizite Interviews in Form von offenen, leitfadengestützten Interviews geführt (vgl. Helfferich 2011, S. 36). Die Fragen wurden dabei so konzipiert, dass auch narrative Elemente erhoben werden konnten. Dem Umstand, dass sowohl besonders nachhaltige als auch weniger nachhaltige Personen interviewt wurden, wurde dahingehend Rechnung getragen, dass die Formulierung der Fragen des Leitfadens jeweils leicht angepasst wurde.

Neben der Erhebung stellt die Dokumentation der Daten einen weiteren wichtigen Schritt innerhalb des Forschungsprozesses dar. Denn gemäß Breidenstein et al. werden Vorkommnisse im Feld erst durch Dokumentationspraktiken zu Daten. Diesbezüglich unterscheiden die Autor:innen drei Wege der Datengeneration: die Sammlung bereits vorhandenen Textmaterials, das selektive Notieren und das technische Aufzeichnen mit anschließender Verschriftlichung (vgl. Breidenstein et al. 2013, 85f). Aus diesem Grund wurden die teilnehmenden Beobachtungen und darin enthaltene ethnografische Interviews vor Ort mittels Feldnotizen festgehalten und im Anschluss an den Feldaufenthalt in Form von Beobachtungsprotokollen endgültig dokumentiert. Die offenen Leitfadeninterviews wurden, mit Einverständnis der Befragten, mit einem Audioaufnahmegerät aufgezeichnet und zu einem späteren Zeitpunkt verschriftlicht. Bei der Transkription wurde sich an der Ausbaustufe „Minimaltranskript" des gesprächsanalytischen Transkriptionssystems 2 (GAT 2)[6] orientiert. Weiterhin wurden im Anschluss an die Interviews die Vor- und Nachgespräche, welche nicht mit dem Aufnahmegerät festgehalten werden konnten, mittels eines Interviewprotokolls sinngemäß dokumentiert.

4.3 Analyse der Daten nach der Grounded Theory

Die verschriftlichten Daten können in einem nächsten Schritt analysiert werden. Die dafür verwendete Analysetechnik entspringt der Grounded Theory und soll nachfolgend umrissen werden. Generell hat die Auswertung im Rahmen der Grounded Theory zur Aufgabe, einen interpretativen Zugang zu den Daten zu erzeugen und deren „Sinn" aufzudecken (vgl. Strübing 2008, S. 19). Die Grounded Theory versucht dies durch einen Kodierprozess zu erreichen. Darin wird zwischen drei Kodierarten unterschieden: dem offenen, dem axialen und dem selektiven Kodieren (vgl. Strauss 1998, S. 52). Strübing äußert diesbezüglich, dass jene „(...) einzelne Etappen weder als gegeneinander distinkt, noch als in einer festen Sequenzialität aufeinander folgend zu verstehen sind" (2008, S. 20). Zur Unterstützung des Kodierprozess wurde in der vorliegenden Arbeit die Software Atlas.ti herangezogen.

Das *offene* Kodieren dient dazu die Forschungsarbeit zu eröffnen und kann als ein erstes „Aufbrechen" der Daten verstanden werden (vgl. Strübing 2008, S. 20; Strauss 1998, S. 58). Dabei wird zunächst uneingeschränkt kodiert. Das bedeutet, dass das Material Wort für Wort bzw. Zeile für Zeile analysiert wird. Dadurch sollen erste Konzepte und deren Eigenschaften entdeckt werden (vgl. Strauss 1998, 57f). Insbesondere beim offenen Kodieren spielt das Vergleichen bzw. Dimensionalisieren eine wichtige Rolle. Damit wird angestrebt, die unterschiedlichen Eigenschaften der Konzepte detailliert herauszuarbeiten und somit

6 Für eine Übersicht über die Regeln der Ausbaustufe „Minimaltranskript" siehe Selting et al. 2009. Gesprächsanalytisches Transkriptionssystem 2 (GAT 2). Gesprächsforschung. Online-Zeitschrift zur verbalen Interaktion 10, 353-402.

eine analytische Vielfalt zu erzeugen (vgl. Strübing 2008, 22, 24; Mey und Mruck 2011, S. 39). Jene Konzepte sind jedoch keineswegs endgültig, sondern können im weiteren Verlauf der Arbeit modifiziert werden (vgl. Strauss 1998, S. 57-62).

Das *axiale* Kodieren intensiviert die Analyse bestimmter Kategorien und ermöglicht damit diese mit anderen Kategorien in Beziehung zu setzen (vgl. Strauss 1998, S. 63). Strübing (2008, S. 21) verweist darauf, nur diejenigen Kategorien dahingehend zu untersuchen, von denen sich erhofft wird, dass sie zur Beantwortung der Forschungsfrage beitragen. Vor allem bei diesem Schritt der Analyse ist die Verwendung des sogenannten Kodierparadigmas geeignet. Indem Fragen nach den Ursachen, dem Kontext, den intervenierenden Bedingungen, den phänomenbezogenen Handlungen und Strategien und den Konsequenzen gestellt werden, wird „um die Achse einer Kategorie bzw. eines Konzeptes herum kodiert“ (Strübing 2008, S. 27).

Im Rahmen des *selektiven* Kodierens wird abschließend „(...) systematisch und konzentriert nach der Schlüsselkategorie kodiert“ (Strauss 1998, S. 63). Das bedeutet, dass die bis dahin herausgearbeiteten Konzepte in die Kern- bzw. Schlüsselkategorie integriert werden. Infolgedessen wird ein Teil des Datenmaterials in Bezug zu dieser zentralen Kategorie re-kodiert. Durch den Prozess soll eine theoretische Schließung erreicht werden (vgl. Strübing 2008, 20f).

Parallel zu der Datenerhebung und dem Kodieren der Daten kristallisierte sich heraus, dass sich theoretische Konzepte aus der Umweltethik, Max Webers protestantische Ethik und Pierre Bourdieus Habitus-Konzept als fruchtbare Ansätze erweisen könnten, um das Forschungsinteresse greifbar zu machen. Die zugrundeliegenden Theorien wurden somit nicht vorab festgelegt und auf die Daten angewendet, sondern in der Auseinandersetzung mit dem Feld und dem Datenmaterial entdeckt und kritisch darauf bezogen.

4.4 Empirisch fundierte Typenbildung

Wie bereits in Kapitel 1 angedeutet wurde, soll basierend auf den durchgeführten Beobachtungen und Gesprächen, eine empirisch fundierte Typologie nachhaltiger Lebensweisen entwickelt werden. Durch die Gruppierung ähnlicher Merkmale zu einem Typus (interne Homogenität) und deren Abgrenzung zu anderen Typen (externe Heterogenität) soll die Vielfalt umweltethischer Verständnisse und Praktiken aufgezeigt werden (vgl. Kelle und Kluge 2010, S. 85).

Bereits im späten 19. Jahrhundert wurde in den Sozialwissenschaften damit begonnen, Typen zu bilden. Besonders populär wurde dabei der „Idealtyp“ von Max Weber (vgl. Kelle und Kluge 2010, S. 83). Auch wenn sich das vorliegende Buch in seinem theoretischen Teil unter anderem auf Weber stützt, gilt dies nicht für die Entwicklung der angestrebten Typologie. Grund dafür ist, dass es sich bei Webers Idealtypen um (theoretische) Konstrukte handelt, die einzelne Aspekte des interessierenden Phänomens überspitzt darstellen (vgl. Kelle und Kluge 2010, S. 83). Weber begründet diese Übersteigerung wie folgt: „Je schärfer und eindeutiger konstruiert die Idealtypen sind: je weltfremder sie also, in diesem Sinne, sind, desto besser leisten sie ihren Dienst, terminologisch und klassifikatorisch sowohl wie heuristisch“ (1922, S. 10). Die in der vorliegenden Forschung angestrebte Typenbildung soll indes aus den erhobenen Daten heraus entwickelt werden und dadurch realitätsnah sein.

Um gewährleisten zu können, dass die Bildung der Typologie „systematisch“ und „nachvollziehbar“ ist, wird sich an dem methodischen Vorgehen nach Kelle und Kluge orientiert (vgl. Kluge 2000, S. 1; Kelle und Kluge 2010, S. 96). Hierfür stellen die beiden Autor:innen vier methodische Stufen zur Verfügung: die „Erarbeitung relevanter Vergleichsdimensionen“, die „Gruppierung der Fälle und die Analyse derer empirischer Regelmäßigkeiten“, die „Analyse der inhaltlichen Sinnzusammenhänge und Typenbildung“ und die abschließende „Charakterisierung der gebildeten Typen“ (Kluge 2000, S. 4-7; Kelle und Kluge 2010, S. 93-106).[7] Die Autor:innen weisen darauf hin, dass es sich bei den Stufen um kein starr lineares Auswertungsmodell handelt, sondern es vielmehr als Kreislauf verstanden werden kann. Dadurch, dass das Vorgehen von Kelle und Kluge unter anderem auf einem theoretischen Sampling (vgl. Kelle und Kluge 2010, S. 47) , einem tiefgründigen Kodierprozess und dem permanenten Vergleichen von Kategorien bzw. Dimensionalisieren (vgl. Kluge 2000, S. 4; Kelle und Kluge 2010, S. 58) basiert, weist es deutliche Parallelen zur geplanten Analyse im Rahmen der Grounded Theory auf, wodurch Letztere eine geeignete Basis für die angestrebte Typenbildung darstellt.

---

7 Für einen detaillierten Einblick in die empirisch begründete Typenbildung siehe Kelle, Udo & Kluge, Susann. 2010. Vom Einzelfall zum Typus. Fallvergleich und Fallkontrastierung in der qualitativen Sozialforschung. Wiesbaden, VS Verlag.

4.5 Übersicht über die erhobenen Daten

Bedingt durch die ausgehende Forschungsfrage waren sowohl nachhaltig lebende als auch weniger nachhaltig lebende Personen von Interesse. Geleitet von der Forderung des theoretischen Samplings stand die Auswahl der zu erhebenden Daten nicht zu Beginn der Forschung fest. Stattdessen wurde die Datenerhebung nach theoretischen Überlegungen ausgerichtet. Zentral war dabei, nicht nur homogene Fälle zu untersuchen, sondern im Sinne eines maximalen Vergleichs auch Daten einzubeziehen, die potenziell abweichend sind (vgl. Strübing 2008, S. 32). An dieser Stelle ist anzumerken, dass sich der Wortlaut homogen auf die Vielfalt der Nachhaltigkeitsvorstellungen und Praktiken der Befragten bezieht. Begrenzt wurden diese Entscheidungen lediglich durch forschungspragmatische Gründe wie Zeit und Kapazität. Aus Gründen der Übersichtlichkeit wird das erhobene Datenmaterial nachfolgend nicht anhand der praktisch stattgefundenen Überlegungen, sondern in vereinfachter Form dargestellt.

Im Sommer 2019 wurden insgesamt sieben teilnehmende Beobachtungen, teilweise mit ethnografischen Interviews, durchgeführt. Wie in Kapitel 4.2 bereits geschildert, wurde ein Unverpacktladen als erster Zugang in ein nachhaltiges Feld genutzt. Anschließend gingen die Beobachtungen über den Unverpacktladen hinaus und schlossen weitere, ebenfalls als nachhaltig eingestufte Felder, ein.

Wie schon erwähnt, wurden die Daten aus den teilnehmenden Beobachtungen durch insgesamt 13 Interviews ergänzt. Die ersten sieben wurden in dem Zeitraum von Juli bis November 2019 geführt. Dabei standen zunächst Personen im Fokus von denen angenommen wurde, dass sie über ein umfassenderes Verständnis von Nachhaltigkeit verfügen und ihre Praktiken dahingehend ausgerichtet haben. Geleitet von dieser Fremdzuschreibung wurden drei Interviews mit Inhaber:innen eines Unverpacktladens, zwei mit Nachhaltigkeitsbloggerinnen sowie je eines mit einem Fridays for Future Aktivisten und einer Angestellten, von der bekannt war, dass sie an einem nachhaltigen Leben orientiert ist, geführt (vgl. D2 – D8). Um das Spektrum der Nachhaltigkeitsvorstellungen zu erweitern, wurden darüber hinaus weniger nachhaltig lebende Personen interviewt. Diese zweite Erhebungsphase fand zwischen Mai und Juli 2020 statt. Die Rekrutierung der weniger nachhaltigen Personen wurde auf zweierlei Arten realisiert. Zum einen wurde innerhalb des erweiterten sozialen Umfelds der Autorin nach Personen gesucht, die nicht nachhaltig leben. Aus dieser Suche resultierten insgesamt drei Interviews. Zum anderen wurden Kreisverbände der AfD via Mail kontaktiert und sich dort nach Personen erkundigt, die sich zu dem Thema Nachhaltigkeit äußern wollten. Die AfD und deren Mitglieder wurden aufgrund dessen ausgewählt, da sie unter anderem durch die Leugnung des anthropogenen Klimawandels, einen weniger nachhaltigen Ruf haben. Aus dieser Anfrage ergaben sich ebenfalls drei Interviews mit AfDler:innen aus zwei unterschiedlichen Kreisverbänden. Daraus ergaben sich insgesamt zehn Stunden Tonmaterial und circa 390 Seiten Transkript.

Darüber hinaus wurde das Datenmaterial durch zwei weitere Datenquellen ergänzt. Zum einen wurde jede:r Befragte gebeten einen Kurzfragebogen auszufüllen. Darin wurde unter anderem nach der Ausbildung, der beruflichen Tätigkeit und den Hobbies bzw. Freizeitaktivitäten der Interviewten gefragt. Zum anderen wurden Daten aus dem Internet herangezogen. Jene umfassen sowohl zwei thematisch relevante Nachrichten auf der Instagram Seite einer Nachhaltigkeitsbloggerin sowie zwei ausführliche Diskussionen zwischen Leser:innen von Nachhaltigkeitsblogs. Die Daten aus dem Internet wurden mittels der Screenshot-Funktion dokumentiert und ergänzend in der Analyse berücksichtigt.

Abschließend soll noch in Kürze auf die Struktur der Daten eingegangen werden. Die Datenerhebung fand größtenteils in Süddeutschland statt. Durch je ein persönliches und ein Telefoninterview wurden jedoch auch Daten in Mittel- und Norddeutschland erhoben. Zu erwähnen ist, dass bei den eher nachhaltig lebenden Personen lediglich zwei der Interviewten männlich und alle Befragten unter 50 Jahre alt sind. Demgegenüber stellt sich die Verteilung bei den weniger nachhaltigen Personen anders dar. Zwei der sechs Befragten sind über 60 Jahre alt und bis auf eine weibliche Befragte handelt es sich ausschließlich um Männer. Außerdem ist darauf hinzuweisen, dass der Großteil der Befragten über einen höheren Bildungsabschluss in Form eines Studiums verfügt. Lediglich zwei Personen weisen eine Ausbildung auf.[8] Diese Tatsache ist

8 Auf die Merkmale Alter, Geschlecht und Bildung wird an dieser Stelle nicht weiter eingegangen, da deren Zusammenhang mit dem Thema Umwelt bzw. Nachhaltigkeit bereits von diversen (quantitativen) Studien analysiert und interpretiert wurden (z.B. Grunenberg, Heiko und Kuckartz, Udo. 2003. Umweltbewusstsein im Wandel. Ergebnisse der UBA-Studie Umweltbewusstsein in Deutschland 2002. Opladen, Leske + Budrich). Deren Nennung soll dem bzw. der Leser:in lediglich einen Überblick über das Spektrum der untersuchten Personen vermitteln.

im Hinblick darauf, dass „Wissen“ eine wichtige Prämisse bei der Nachhaltigkeitsthematik darzustellen scheint, durchaus von Relevanz.

Im Anschluss an die vorangegangene theoretische und methodologische Übersicht soll anschließend die Analyse und Darstellung der Ergebnisse inhaltliche Einblicke in das Datenmaterial liefern.

5. Nachhaltigkeitsideologie

Nachfolgend soll aufgezeigt werden, was die Befragten unter Nachhaltigkeit verstehen, auf welche Faktoren die Entstehung der individuellen Einstellung zurückzuführen ist und in welche Praktiken sie mündet. Ferner soll erörtert werden, was die Gründe für nicht nachhaltige Praktiken sind und inwiefern die Kluft zwischen nachhaltigen Werten und Praktiken mit den individuellen Nachhaltigkeitsvorstellungen zusammenhängt. Innerhalb von drei Kapiteln werden so die im Zentrum stehenden Kategorien „Nachhaltigkeitsideologie“, „Aneignung und Hemmnisse der Nachhaltigkeitsideologie“, „Typen nachhaltiger Lebensweisen“ und „Diskrepanz zwischen Werten und Praktiken“ dargestellt. Zu Beginn eines jeden Kapitels dient die Abbildung des dazugehörigen Netzwerkes als eine erste Orientierung. Des Weiteren werden die analytischen Interpretationen der Autorin durch den Einbezug exemplarischer Transkriptionsausschnitte veranschaulicht.

5.1 Ideologie und Nachhaltigkeitsbereiche

In einem ersten Schritt wird auf die mit Nachhaltigkeit zusammenhängenden Wertvorstellungen eingegangen. Dabei werden unter anderem das Verhältnis zwischen gesellschaftlichem und individuellem Nachhaltigkeitsverständnis, die unterschiedlichen Bereiche von Nachhaltigkeit sowie die sich daraus ableitenden Maßnahmen und notwendigen Prämissen jener Weltanschauung näher erläutert. Abschließend wird Webers protestantische Ethik als heuristische Hilfe herangezogen, um die nachgezeichneten Daten zu interpretieren, zu verstehen und zu erklären. In Zuge dessen wird der Frage nachgegangen, ob das Befolgen der nachhaltigen Ideologie, wie seinerseits der Puritanismus, den Kapitalismus befeuern kann. Abbildung 1 gibt zunächst einen Überblick über die Zusammenhänge der Kodes des Netzwerkes „Nachhaltigkeitsideologie“.

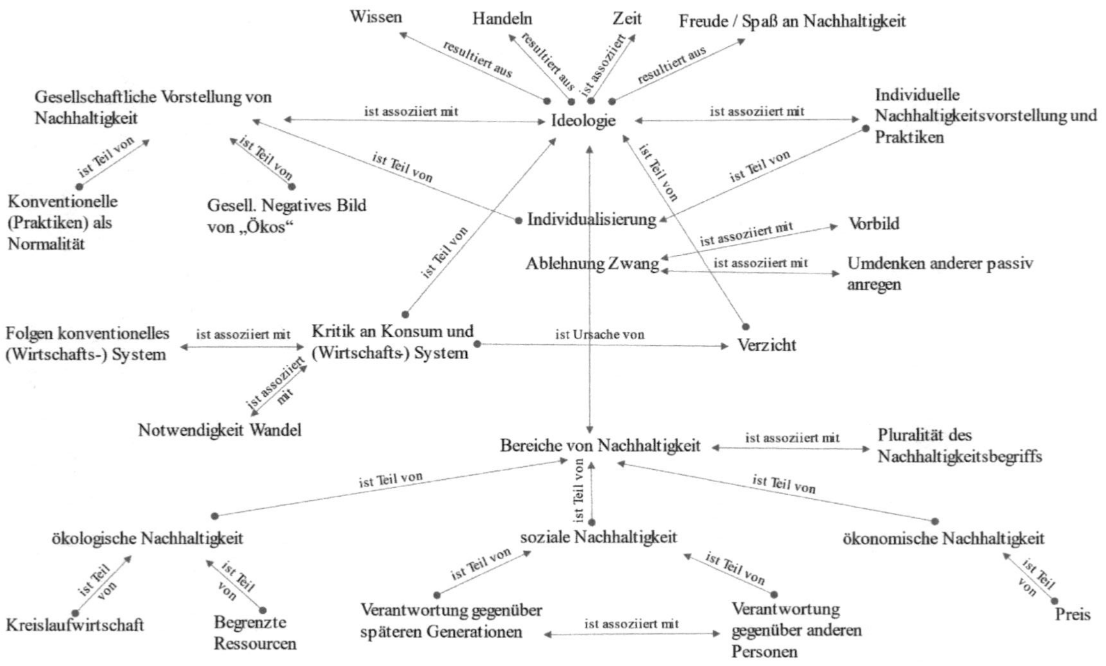

Abbildung 1: Netzwerk "Nachhaltigkeitsideologie"

Zwischen gesellschaftlicher und individueller Vorstellung von Nachhaltigkeit

Wie der im Zentrum des Netzwerkes stehende Kode aufzeigt, sprechen die Befragten in Bezug auf Nachhaltigkeit nicht etwa von einer sozialen Norm oder Ethik, sondern sie bezeichnen jene Wertvorstellungen als „*Ideologie*“ (2:83; 16:97; 17:98). Damit scheinen die Interviewten an die Alltagsdefinition anzuschließen, welche eine Ideologie als ein „an eine soziale Gruppe, eine Kultur o. Ä. gebundenes System von Weltanschauungen, Grundeinstellungen und Wertungen“ (Duden 2020) begreift. Besonders deutlich wird das in folgendem Zitat: “(…) *ich glaub (.) weil man halt so ein grundverständnis hat (.) oder werte (..) die man teilt*„ (7:111). Die zentrale Kategorie der Nachhaltigkeitsideologie steht dabei im Zentrum vieler anderer Kodes. Eine damit verbundene und zentrale Unterscheidung stellt jene zwischen den Kodes „Gesellschaftliche Vorstellung von Nachhaltigkeit“ und „Individuelle Nachhaltigkeitsvorstellung und Praktiken“ dar.

Zum einen wird von den Befragten angenommen, dass in der Gesellschaft eine allgemeine Vorstellung bzw. soziale Norm darüber existieren, was unter Nachhaltigkeit zu verstehen ist und welche Praktiken damit verbunden sind: „(…) *also ich glaub ich versteh_ gar nicht so sehr was anderes als alle (.) oder als des so allgemein verstanden wird* (…)“ (2:1). Dabei wird auch von der „*klassischen Definition von Nachhaltigkeit*“ (3:4) gesprochen. Das folgende Zitat bringt zum Ausdruck, welche Vorstellungen eines nachhaltigen Lebens mitunter zu diesem allgemeinen Verständnis gehören:

> „(…) so schön (...) ä_h wie man des jetzt ideal machen würde irgendwie auf dem markt einzukaufen (.) und dann zuhause zu kochen und so (..) ähm das heißt da handle ich eigentlich schon ziemlich gegen den prinzip ähm (…)“ (8:14).

Der Interviewausschnitt zeigt jedoch auch, dass sich die befragte Person den gesellschaftlichen Nachhaltigkeitswerten zwar vollkommen bewusst ist, jedoch nicht nach dem gesellschaftlich geteilten Ideal lebt. Ein Grund dafür könnte sein, dass neben der sozialen Norm Nachhaltigkeit Konsens darüber besteht, dass jedes Individuum die Ideologie im Rahmen je eigener Gewichtungen nach seinen bzw. ihren Vorstellungen umsetzen soll, so wie er oder sie sich damit wohlfühlt. Grunwald spricht im Zuge dessen von der „Privatisierung von Nachhaltigkeit“ (2010, S. 178). Aufgrund dessen, dass der Begriff Privatisierung stark an das Handeln der Menschen in ihrer privaten Freizeit erinnert, wird nachfolgend jedoch von „Individualisierung“ gesprochen. Das schließt die Selbstbestimmung der Menschen sowohl in ihrer Freizeit als auch in ihrem Beruf ein. Die in den Daten wahrgenommene Individualisierung spiegelt sich in folgenden zwei Zitaten wider:

> „(…) und s schlimmste ist wenn ma de leute vorwürfe macht (.) bringt gar nichts sondern ideen (.) muss man eigentlich geben [I: mhm] (1.0) und net des ist falsch [I: ja] (1.0) jeder hat sein eigenen weg (…)“ (6:104) und „(…) es gibt schon die die sehr (.) mh weit sind oder sehr (.) ähm (1.0) konsequent aber halt viele (..) die (..) machen des auf ihre art (.) und machen die umstellung auf ihre art und des s (.) sagen wa (.) soll n beispiel sein und wer lust drauf hat soll halt mitmachen und sich (.) inspirieren lassen (…)“ (2:228).

Hierin wird deutlich, dass Nachhaltigkeit sehr unterschiedlich (konsequent) gelebt wird, abhängig davon worauf eine Person „*Lust*“ hat. Demzufolge scheint eine Individualisierung von Nachhaltigkeit legitim und gesellschaftlich anerkannt, wenn nicht sogar gewollt zu sein. Des Weiteren geben Formulierungen innerhalb der beiden Zitate einen ersten Hinweis auf den Kode „Ablehnung Zwang“. So wird in den Aussagen: „(…) *und s schlimmste ist wenn ma de leute vorwürfe macht (.) bringt gar nichts* (…)“ (6:104) und „(…) *und wer lust drauf hat soll halt mitmachen und sich (.) inspirieren lassen* (…)“ (2:228) deutlich, dass Druck von außen nicht den gewünschten Effekt erzielt. Stattdessen wird nahegelegt, dass die Entscheidung für ein nachhaltigeres Leben von den Individuen selbst abhängt und aus deren Interesse an der Thematik heraus entsteht, sowie in deren Tempo gelebt werden soll:

> „(…) das hab ich eben auch über diese zeit gelernt man kann des nicht (..) man kann jemanden nicht dazu (.) zu drängen (.) oder ähm (.) muss des einfach vorleben (...) und dann kommt des mit der zeit (…)“ (3:99).

Bereits nachhaltig lebenden Personen können demnach als „Vorbilder“ (5:102; 6:115) passiv zum Umdenken anderer beitragen: „(…) *Diesen Menschen jedoch vorzuleben, wie einfach kleine Veränderungen sein können und was die schon an Wirkung haben können, kann schon eher zu kleinen Veränderungen führen* (…)“ (40:57). Die Ablehnung von Zwang beschränkt sich dabei nicht nur auf andere Gesellschaftsmitglieder. Auch von der Politik wird erwartet, dass sie den Menschen Raum für eigene Entscheidungen lässt:

> „(…) also ich find ähm die politik sollte halt einfach ein bisschen mehr (..) nicht vorgeben (..) nicht verbieten sondern erklären definieren WARUM sie

was für wichtig erachtet (.) auf ner sprache die die meisten verstehen (...)" (20:81).

Insofern sind Freiwilligkeit, die Vermittlung von Wissen und das Setzen von „*Anreizen*" (18:123) Mittel der Wahl.

Weiterhin deuten die Daten darauf hin, dass, trotz des normativen Charakters von Nachhaltigkeit „konventionelle (Praktiken) als Normalität" angesehen und gelebt werden. Nachhaltigkeit scheint in der Gesellschaft häufig noch als etwas Fremdes bzw. Ungewohntes empfunden zu werden. Das nachfolgende Zitat fasst diesen Tatbestand treffend zusammen:

„(...) dass es eben nicht mehr zur ausnahme wird dass personen versuchen nachhaltig zu handeln und das es irgendwie des schwierigere ist nachhaltig zu handeln sondern dass eben des ganze system darauf ausgerichtet ist dass es zur ausnahme wird wenn man nicht nachhaltig handelt (...)" (8:17).

Folglich stellt sich der Kode „Gesellschaftliche Vorstellung von Nachhaltigkeit" komplexer dar als zunächst vermutet. Zwar existiert auf der einen Seite eine genaue Vorstellung von Nachhaltigkeit, auf der anderen Seite wird jedoch häufig entgegen dieser Werte gelebt. Dieser Umstand wurde mit „Diskrepanz Werte und Praktiken" kodiert und wird in den Kapiteln 6 und 7 genauer beschrieben.

Zusätzlich wurde in den Gesprächen offenkundig, dass innerhalb der Gesellschaft ein negatives Bild von besonders nachhaltigen Personen besteht. Bereits bei dem Begriff „Öko" scheint eine negative Konnotation mitzuschwingen: „(...) *er sich da irgendwie als radfahrer gestört von gefühlt hat [I: mhm] äh_ (.) mit sicherheit wars auch (.) n öko ((lacht)) ähm_ hab ich mich schon ziemlich über den menschen aufgeregt* (...)" (18:87). Dieser bereits negativ anmutende Begriff kann seinerseits noch durch Zusätze wie Ökotussi (6:70) oder Ökospinner (7:107) verstärkt werden. Ein Grund für die ablehnende Haltung gegenüber besonders nachhaltig lebenden Menschen könnte sein, dass selbige unbewusst oder bewusst, beispielsweise durch „*Missionieren*" (vgl. 19:153), eine Art Druck auf andere Gesellschaftsmitglieder ausüben und das dadurch verursachte Gefühl von Zwang, wie bereits beschrieben, auf Widerstand bei den weniger nachhaltig lebenden Personen trifft. Ein anderer Grund könnte sein, dass die Ungewohntheit nachhaltiger Praktiken zunächst befremdlich wirkt:

> „(…) also de_r (.) ich weiß gar nicht ob der jemals geflogen ist in seinem leben (.) aber ich glaub schon (..) abe_r der propagiert das sehr stark (.) und am anfang dacht ich so ((lacht)) pff was für ein freak ey ((lacht)) und dann (..) man kommt tatsächlich in der nachhaltigkeit hab ich das gefühl von einem thema zum anderen (…)“ (7:179).

Das obige Zitat zeichnet die Konfrontation mit ungewohnten Praktiken (dem Verzicht auf Flugreisen) und die damit verbundene Verurteilung der nachhaltig lebenden Person als „*Freak*“ nach. Durch die Formulierung „*am anfang dachte ich*“ wird jedoch hervorgehoben, dass diese Meinung zu einem späteren Zeitpunkt revidiert wurde. Der neue Blickwinkel kann darauf zurückgeführt werden, dass sich die befragte Person nach und nach immer mehr mit der Thematik auseinandergesetzt hat, „*von einem thema zum anderen*“ gekommen ist und dadurch das Gefühl von Fremdheit überwunden wurde.

Die Analyse der Daten konnte zudem aufzeigen, dass neben der gesellschaftlichen Vorstellung von Nachhaltigkeit und ganz im Sinne der Individualisierung, jede:r der Befragten eine eigene Vorstellung von Nachhaltigkeit vertritt: „(…) *des ist halt meine (.) MEINE einstellung zu nachhaltigkeit* (…)“ (16:43). Wie im folgenden Zitat zu erkennen ist, scheint sich diese individuelle Vorstellung meist auf bestimmte Teilbereiche des Lebens zu beziehen:

> „(…) ähh_ auf mich bezogen ist es vor allem (.) sind es vor allem die sachen wie ich mich (.) also was mobilität angeht (..) ä_hm konsum an sich also ernährung (.) deswegen i äh der laden natürlich auch (..) ähm a_uch im_ (.) kontext wie ich (.) mh sagen wir mal (.) mich in sozialen gruppen (..) verhalt (…)“ (2:29).

An dieser Stelle spricht die befragte Person jene Aspekte von Nachhaltigkeit an, welche für sie von besonderer Bedeutung zu sein scheinen. In ihrem Fall sind das Mobilität und Konsum im Sinne von Ernährung sowie das Verhalten in sozialen Gruppen. Folglich wurde hier, mit Blick auf die allgemein bekannte Ideologie, eine eigene Gewichtung vorgenommen. Auch im nächsten Beispiel tritt die Unterscheidung zwischen dem gesellschaftlichen und individuellen Verständnis von Nachhaltigkeit deutlich hervor: „(…) *ja also müll (.) produzier ich (.) schon (.) ähm_ des ist tatsächlich auch aus klimasicht nicht der riesen punkt (..) wobei s halt trotzdem blöd ist ((lacht))* (…)“ (8:50). Hier wird ersichtlich, dass sich die Person darüber im Klaren ist, dass die Produktion von Müll aus einer allgemeinen, nachhaltigen Perspektive „*blöd*“

bzw. verwerflich ist. Doch scheint bei ihr der Schutz des Klimas im Fokus der eigenen Ideologie zu stehen, wodurch Müllvermeidung eine eher untergeordnete Rolle einnimmt. Obwohl sich die gesellschaftliche und die individuelle Vorstellung von Nachhaltigkeit zwar in vielen Punkten überschneiden, hat scheinbar jedes Individuum eine ganz eigene Auffassung von einem nachhaltigen Leben, was wiederum im Sinne der gesellschaftlichen Vorstellung der Individualisierung der Thematik ist. Die Befürwortung der Individualisierung von Nachhaltigkeit darf dabei jedoch nicht als Legitimation anthropozentrischer Einstellungen und Praktiken verstanden werden. Vielmehr ermöglicht sie einen niederschwelligen Zugang zu der Thematik, ganz im Sinne der Wünsche und Grenzen der Individuen.

Bereiche von Nachhaltigkeit

Ferner wird in dem erhobenen Datenmaterial ersichtlich, dass die gesellschaftlichen und individuellen Vorstellungen von Nachhaltigkeit unterschiedliche Bereiche von Nachhaltigkeit umfassen. Wie in Abbildung 1 zu erkennen ist, sind diese mit dem in Kapitel 3.1 beschriebenen klassischen Drei-Säulen-Modell vergleichbar. Vor allem die ökologische und soziale Nachhaltigkeit scheinen dabei im Fokus der Interviewten zu stehen. Zwar wurde auch eine Form von ökonomischer Nachhaltigkeit angesprochen, jedoch besteht dahingehend wenig Verständnis für deren Zusammenhang zur Nachhaltigkeit: „(…) *also (..) finanzielle nachhaltigkeit (.) heißts wahrscheinlich ((lacht)) ich behalt mein geld oder so (.) also ja (.) irgendwie so* (…)“ (7:191). Somit umfassen die Nachhaltigkeitsvorstellungen der befragten Personen primär ökologische und soziale Aspekte.

Die Säule der ökologischen Nachhaltigkeit bezieht sich bei den Interviewten vor allem auf den Schutz der Umwelt und des Klimas und hängt eng mit der leitenden Prämisse des Verzichts zusammen. Damit sind eine Vielzahl an handlungsleitenden Anforderungen verbunden wie zum Beispiel der Verzicht auf Plastik bzw. verpackte Produkte (vgl. 7:16), der Kauf von regionalen und saisonalen Lebensmitteln (vgl. 2:16), die Reduzierung des Individualverkehrs (vgl. 2:33), der Gebrauch von umweltfreundlichen Reinigungs- und Hygieneprodukten (vgl. 3:16) und viele weitere.

Soziale Nachhaltigkeit scheint im Sinne der Befragten zwei Dimensionen zu haben. Zum einen geht sie mit einem Verantwortungsbewusstsein gegenüber späteren Generationen einher: „(…) *äähm h° jaa im prinzip so zu leben ähm dass (.) äh die (.) generationen nach mir äähm möglichst (.) die gleichen lebensbedingungen_ vorfinden können wie ich* (…)" (4:8). Darin spiegelt sich ein Nachhaltigkeitsverständnis im Sinne der ersten Tradition (siehe Kapitel 3.1) wider. Zum anderen werden auch Personen der Gegenwart von dem Verantwortungsbewusstsein einbezogen: „(…) *mh (.) keine ausbeutung (..) ähm von arbeitenden (3.0) was denn noch ((lacht)) (.) ähm ja (.) arbeits (.) schutz ähm (4.0) keine unterdrückung von minderheiten (.) sowas* (…)" (3:12). Diese Berücksichtigung der sozialen Frage ist wiederum mit der neuen, zweiten Tradition des Nachhaltigkeitsbegriffs, wie sie in der Definition des WCED-Berichts deutlich wird, vergleichbar (siehe Kapitel 3.1).

Generell lassen sich die Säulen von Nachhaltigkeit nicht vollständig voneinander trennen. Das kann anhand eines Aspekts veranschaulicht werden, der auf den ersten Blick einer ökonomischen Nachhaltigkeit zuzuordnen ist und unter den Kode „Preis" fällt:

> „(…) aber nichts desto trotz bei den anderen gütern des täglichen lebens °hh uff würd ich sagen leb ich relativ (..) nachhaltig (.) man könnte auch sagen (.) sparsam (..) [I: ok (..) also sparsam auch in finanzieller (.) sicht (1.5)] jo (1.0) weil sparsam in finanzieller sicht halt NICHT dass ich sage ok äh ich kauf mir jetzt des weil es zehn euro billiger ist da leg ich lieber nochmal zehn euro drauf und kauf mir des was länger hält oder was meiner meinung nach (.) a höhere qualität hat (…)" (16:36).

Hierin bringt der Befragte zum Ausdruck, dass der Kauf teurer, aber dafür langlebigerer Produkte nicht nur Konsum reduziert und somit im Sinne der ökologischen Nachhaltigkeit ist, sondern sich auf Dauer auch für den Käufer finanziell rentiert. Ökologische und ökonomische Nachhaltigkeit sind hier also nicht endgültig voneinander zu trennen.

Weiterhin werden in dem Zitat Aspekte angerissen, die eine zentrale Rolle in der Nachhaltigkeitsthematik einnehmen. Jene wurden mit den Kodes „Kritik an Konsum und (Wirtschafts-)System", „Folgen konventionelles (Wirtschafts-)System", „Notwendigkeit Wandel" und „Verzicht" versehen und sollen nachfolgend genauer vorgestellt werden.

5.1.1 Kritik und nachhaltige Maßnahmen

System- und Konsumkritik

Bei der Untersuchung des Datenmaterials wurde offenkundig, dass gegenüber dem bestehenden (Wirtschafts-)System tendenziell eine kritische Haltung eingenommen wird:

> „(…) ähm u_nd (.) natürlich haben wir durch unser wirtschaftssystem die_ (.) äh voraussetzungen geschaffen das sich halt die die sich wirtschaftlich

durchsetzen halt auch (..) durchsetzen (.) es geht nicht mehr so sehr um qualität o_der um äh ethik oder was weiß ich was (..) des heißt der discounter ders äh_ (.) am effizientesten macht der setzt sich durch (…)“ (2:133).

Demnach wird das Problem darin gesehen, dass der „*Wachstumswahn*“ (16:97), welcher von Wirtschaft, Politik und Konsumenten (vgl. 16:130) befeuert wird, eine wesentlichere Rolle einnimmt als Qualität und (nachhaltige) Ethik. Doch nicht nur das (Wirtschafts-)System, auch der damit einhergehende Konsum und das Kaufverhalten der Gesellschaft stehen in der Kritik:

„(…) und KONSUM (.) wie gesagt (.) der überflussige konsum den ich aus den usa kenne ich hab in den usa studiert (.) war auch [I:ah] dann xmal drüben (.) das ist nicht mein fall (.) [I: ja] shoppen gehen und nachher heimkommen ganze boxen auspacken und merken die hälfte braucht man nicht °h und dann landets gleich auf dem müll ja (.) DAS IST NICHT meine haltung (…)“ (17:15).

Folglich wird hier kritisiert, dass die Menschen nicht zur Deckung ihrer notwendigen Bedürfnisse konsumieren, sondern sich in einer "*Überflussgesellschaft*“ (5:237; 17:3) befinden, innerhalb derer im Sinne einer egoistischen Wunscherfüllung produziert, konsumiert und gehandelt wird. In Verbindung mit der „*Geiz ist geil Mentalität*“ (16:105) der Gesellschaftsmitglieder führt dies zur massenhaften Produktion qualitativ minderwertiger Produkte mit sehr kurzer Lebensdauer. Überdies werden Fastfood-Produkte, die Herstellung konventioneller Lebensmittel und Kleidung, Individualverkehr, (Flug-)Reisen oder die zunehmende Vermüllung durch Plastik kritisch gesehen (vgl. 4:43; 5:72; 7:101; 16:40; 17:20).

Die Folgen jenes nicht nachhaltigen Wirtschaftens und Konsumierens machen die Befragten besonders in den Bereichen Natur, Klima und Tierwohl aus (vgl. 2:137; 8:150; 20:46; 21:13). Doch nicht nur die Umwelt des Menschen, auch er selbst wird durch seine Lebensweise geschädigt. Diesbezüglich sprechen die Interviewten von dem Verlust des Gefühls der Verbundenheit untereinander (vgl. 5:163) und einem zukünftigen Mangel lebensnotwendiger Güter wie etwa Wasser und Lebensmitteln (vgl. 7:284; 18:62). Das folgende Zitat fasst diese Zukunftsvision treffend zusammen:

„(…) Ansonsten müssen wir wohl mit der für uns unangenehmen Situation klar kommen, dass sich der Bestand der Spezies Mensch dramatisch verringern wird, sei es durch multiresistente Keime, Naturkatastrophen, Dürre, Hungersnot oder dadurch bedingte Kriege (…)“ (39:38).

Mit dieser drastischen Formulierung steht selbige Person nicht allein da. Auch andere Befragte machen sich Sorgen darüber, welche Konsequenzen die bisherigen Denk- und Handlungsschemata der Menschen in Zukunft haben werden:

> „(…) also es muss jetzt irgendwie_ muss jetzt die wende kommen (..) und zwar so schnell wie möglich weil sonst (..) gibts halt (.) am ende vom jahrhundert keine menschen mehr auf dem planeten (…)“ (8:137).

Nicht nur die Sorge um die Zukunft der Menschheit wird in diesem Zitat deutlich, sondern auch das Erfordernis einer Trendwende. Derlei Äußerungen wurden mit „Notwendigkeit Wandel“ kodiert. Wie die Bezeichnung bereits deutlich macht, vertreten die meisten interviewten Personen die Auffassung der Notwendigkeit eines Wandels des (Wirtschaft-)Systems und Konsumverhaltens der Menschen (vgl. 4:90; 7:281; 16:12; 39:22). Jener Umbruch, so der Konsens, kann durch die Abkehr von dem bisherigen linearen Wirtschaftssystem, welches auf stetigem Wachstum und Wegwerfgütern basiert, hin zu einer Kreislaufwirtschaft (vgl. 4:90) und dem Verzicht der Gesellschaftsmitglieder erreicht werden

Verzicht

Aus der beschriebenen Kritik ergibt sich somit die zentrale Prämisse einer nachhaltigen Ideologie: „Verzicht“. „(…) *also im ersten moment hat es mit verzicht zu tun (.) weil du_ (.) einfach kucken musst (.) wie gehts denn auch anders (.) dann lässt du dinge weg* (…)“ (5:13). Der Kode umfasst dabei zwei Aspekte. Zum einen beziehen sich die Befragten bei der Thematik Verzicht explizit auf limitierte Ressourcen:

> „(…) dass man einfach nicht (.) sachen verbraucht die nicht wieder (.) ähm (...) die nicht wieder nach_ (..) wachsen in so einer ganz allgemeinen form sondern eben ähm seinen bedarf und seinen konsum (.) dahingehend regelt (…)“ (2:6).

In dem Zitat wird beschrieben, dass aufgrund der Knappheit bestimmter natürlicher Mittel der eigene Konsum dahingehend angepasst werden muss, dass die Ressourcen nicht erschöpft werden und auch nachfolgenden Generationen noch zur Verfügung stehen. Diese Auffassung erinnert erneut stark an das erste Nachhaltigkeitsverständnis im Sinne Carlowitz‘, welches ebenfalls für einen nachhaltigen Umgang mit den

Ressourcen im Hinblick auf die Verantwortung gegenüber späteren Generationen plädiert.

Außerdem wird ein noch umfassenderer Verzicht gefordert. Diese zweite Lesart hängt mit der beschriebenen Konsumkritik zusammen und wird von der Annahme geleitet, dass die Umwelt insbesondere unter den Folgen von überflüssigem Konsum leidet. Der folgende Interviewausschnitt veranschaulicht diese Anschauung: „(...) *äh ich VERSUCHE des funktioniert (.) hin und wieder mal besser mal schlechter (..) auf unnötigen fleischkonsum zu verzichten* (...)" (19:9). Die Formulierung von „*unnötigem Fleischkonsum*" deutet zwar darauf hin, dass die Person einen bestimmten Verbrauch von Fleisch als notwendig zu erachten scheint, signalisiert jedoch primär, dass es überdies zu einem sinnlosen Verzehr kommt, auf welchen verzichtet werden kann. Als sinnlos bzw. unnötig wird jener Fleischkonsum deshalb verstanden, da er nicht mehr zur Befriedigung notwendiger Bedürfnisse dient, sondern darüber hinausgeht. Der Gebrauch der Ausdrucksweise „*funktioniert (.) hin und wieder mal besser mal schlechter*" fällt wiederum unter den Kode „Diskrepanz Werte und Praktiken", und wird zu einem späteren Zeitpunkt thematisiert.

Ein weiteres Beispiel veranschaulicht, dass sich Konsum-(Verzicht) nicht nur auf Nahrungs- und Genussmitteln bezieht, sondern auch Konsum im weiteren Sinne, wie zum Beispiel (Flug-)Reisen, einbezieht: „(...) *schön wenn leute erzählen ich war auf den malediven und ah wie toll (.) und du denkst dir (..) ja (.) ich verzichte darauf (.) weil ich unserer umwelt was tolles machen möchte* (...)" (5:70). Demnach verzichtet die Person auf (Flug-)Reisen nicht um der Ressourcen Willen, sondern um die Umwelt selbst, beispielweise vor einer starken Luftverschmutzung, zu schützen. Wie anhand der beiden aufgeführten Zitate deutlich wird, scheint dieser zweite Aspekt von Verzicht somit über das erste Nachhaltigkeitsverständnis von Carlowitz hinauszugehe und nicht nur spätere Generationen, sondern die Umwelt selbst als schützenswert zu begreifen. Das deutet auf eine biozentrische Weltanschauung hin (siehe Kapitel 3.2).

5.1.2 Prämissen der Nachhaltigkeitsideologie

Weiterhin ist die Frage zu beantworten, welche Voraussetzungen erfüllt sein müssen, damit eine Person gemäß der allgemeingültigen Ideologie leben kann.

Wissen

Zum einen zeigte sich, dass der emische Kode „Wissen" eine zentrale Komponente darstellt. Ohne das Wissen was Nachhaltigkeit bedeutet und welche Praktiken damit in Verbindung stehen, ist es Menschen nicht möglich dementsprechend zu leben. Das gab auch eine der Befragten auf die Frage hin wieder, wie sie damit umginge, wenn andere Personen unnachhaltig agieren würden: „(…) *ähm_ (2.5) und sonst ja (.) versuchen (1.5) n bisschen milde damit umzugehen (.) weils halt oft auch einfach unwissenheit ist und nicht (.) böse absicht* (…)" (3:78). Damit macht sie deutlich, dass Wissen eine grundlegende Bedingung für Nachhaltigkeit ist und dessen Abwesenheit nicht nachhaltige Praktiken erklärt und entschuldigt. Auch das nachfolgende Zitat beschreibt die Abhängigkeit der eigenen Aktivitäten von Wissen:

> „(…) ja sowas (.) also sowas sickert dann schon ein wenn man nachrichten hört (.) also ich bin ja auch abhängig von dem was jetzt grad so thema ist [I: mhm] wei_l (..) vorher wär ich auch nicht rauf gekommen dass ne avocado n schlechten co2 fußabdruck hat (.) wenn des nicht irgendwie in den einschlägigen medien gewesen ist (…)" (7:128).

Erst durch das Erlangen dieses neuen Wissens, welches durch „Informationslieferanten" wie beispielsweise den Nachrichten vermittelt wurde, war es der Person möglich ihre bisherigen Praktiken zu hinterfragen und mit nachhaltigeren Lösungen auf das neu erlangte Wissen zu reagieren. Das führt wiederum zur zweiten notwendigen Prämisse.

Handeln

Der Zusammenhang der beiden emischen Kodes „Wissen" und „Handeln" wurde von den interviewten Personen wie folgt hergestellt: „(…) *wie kriegt man leute (..) dazu zu handeln [I: ja] wie kriegt man sie ins wissen und ins handeln* (…)" (7:286). In dem Zitat wird herausgestellt, dass Wissen allein nicht ausreicht. Vielmehr müssen die neu gewonnenen Erkenntnisse von den Menschen im weiteren Verlauf auch praktisch umgesetzt werden: „(…) *sich selber gedanken machen (.) schlau machen °h (.) und dann halt auch VOR ALLEM dementsprechend leben* (…)" (20:87). Im Anschluss an den Wissensgewinn muss das erlangte Wissen auch *„gelebt"* werden. Infolgedessen müssen die Individuen sich neue, nachhaltige Praktiken aneignen und auf alte, nicht nachhaltige verzichten. Die nachfolgende Liste bietet einen Überblick über all jene nachhaltige Praktiken, die von den Befragten genannt wurden:

- Verzicht auf den Konsum von Produkten aus Palmöl, fossilem Erdöl usw.
- Gemeinsames Nutzen von bspw. Autos oder Werkzeug
- Mitfahrgelegenheiten, öffentliche Verkehrsmittel, Radfahren
- Unverpackt einkaufen bzw. Verpackung reduzieren (Beutel bzw. Gefäße mitnehmen, wiegen usw.)
- Hochwertige Produkte konsumieren, die eine lange Lebensdauer haben
- Regional einkaufen
- Umweltschonende Putz- und Hygienemittel nutzen
- Sich politisch engagieren
- Erneuerbare Energien nutzen
- Reparieren statt wegwerfen
- Second Hand und gebraucht kaufen
- Nachhaltige Produkte nutzen z.B. To-Go Becher, Rasierhobel, Obst- und Gemüsenetze
- Selbst anpflanzen oder herstellen z.B. Gemüse, Hafermilch
- Foodsharing, Containern, Obst von Streuobstwiesen sammeln
- Verzicht oder Reduktion von bspw. Fleischkonsum, Reisen, Kleiderkauf usw.
- Nachhaltige Geschenke herstellen und/oder verschenken
- Saisonal einkaufen
- Konservieren, fermentieren oder einfrieren von saisonalen Lebensmitteln
- Mülltrennung und Kompostieren
- Keine Lebensmittel verschwenden
- Berufliche Tätigkeit anpassen

Die Darstellung ermöglicht es einen Eindruck davon zu gewinnen, welche Vielfalt an nachhaltigen Praktiken den Individuen zur Verfügung steht. Dabei ist jedoch darauf hinzuweisen, dass nicht alle Befragten alle Praktiken ausüben. Wie bereits in Kapitel 5.1.1 beschrieben wurde, wird Nachhaltigkeit sehr unterschiedlich und individuell wahrgenommen und gelebt. Infolgedessen praktizieren manche Interviewten nur wenige der genannten Punkte, andere hingegen fast alle. Unabhängig davon wie viele nachhaltige Praktiken in den eigenen Alltag integriert werden zeigt die Analyse, dass einzelne Praktiken weniger aufwändig und leichter umzusetzen sind als andere. Während zum Beispiel die Trennung des häuslichen Mülls kaum eine Umstellung und nur einen geringen Aufwand bedeutet, greifen Praktiken wie beispielsweise Containern stärker in den Alltag der oder des Einzelnen ein. Gemein haben jedoch alle, dass sie zu einer Strukturierung des Alltags der Menschen, im Sinne ihrer nachhaltigen Ideologie, führen. Das nachfolgende Beispiel veranschaulicht diese Anpassung:

> „(...) Zwischendurch kramte J in ihrem Rucksack herum und wendete sich dann mit dem Hinweis an mich, dass sie immer mit einem Rucksack unterwegs sei. Dort würden all ihre Dosen, Beutel und Flaschen, im Gegensatz zu einer Handtasche, Platz finden. Das „sei zwar nicht so schick aber dafür müsse man sich nie etwas kaufen" (...)" (37:4).

Hier zeigt sich, dass die Person zur Reduktion von Einwegprodukten stets Dosen, Obst- und Gemüsebeutel und eine Trinkflasche mit sich führt. Das beeinflusst jedoch nicht nur die Wahl ihrer Tasche. Stattdessen deutet es darauf hin, dass die Befragte unverpackt einkauft, ihre Flasche unterwegs auffüllt und möglicherweise ihr eigenes Essen mit sich führt. All jene Aspekte haben ihrerseits zahlreiche weitere Praktiken zur Folge, wie am Beispiel eines unverpackten Einkaufs veranschaulicht werden soll: ein unverpackter Einkauf unterscheidet sich von einem konventionellen dahingehend, dass der bzw. die Kund:in zunächst Gefäße in das Geschäft mitbringen muss oder sich vor Ort Gefäße kauft oder leiht. In einem nächsten Schritt müssen die Dosen und Gefäße abgewogen und mit deren Eigengewicht beschriftet werden. Im Anschluss werden sie von der einkaufenden Person mit den jeweiligen Lebensmitteln und Produkten gefüllt. Im Falle von Tofu oder Käse bedeutet das wiederum, dass der bzw. die Kund:in ihr geöffnetes Behältnis auf ein Tablett legt. Letzteres wird von den Verkäufer:innen übernommen und, ohne das eigentliche Gefäß zu berühren, mit dem Tofu befüllt. Daraufhin wird dem bzw. der Kund:in das Tablett wieder gereicht und er oder sie kann den Behälter entgegennehmen und verschließen. Wenn alle gewünschten Produkte abgefüllt wurden, wird anschließend an der Kasse jedes Behältnis einzeln gewogen und das Eigengewicht des Gefäßes vom Preis abgezogen. Bedingt durch die Tatsache, dass es sich bei den mitgebrachten Gefäßen meist um Gläser handelt, muss die Person abschließend einen deutlich schwereren Einkauf nach Hause transportieren (vgl. 5:223; 10:14; 11:11; 36:1; 36:4). Wie das vorangegangene Gedankenspiel deutlich macht, hat die Prämisse

Handeln somit signifikante Auswirkungen auf die Strukturierung des Alltags der Menschen.

Zeit

Die dritte Bedingung, welche innerhalb der Nachhaltigkeitsthematik von großer Bedeutung ist, wurde mit „Zeit“ kodiert. Jener Kode umfasst mehrere Dimensionen, auf die im Rahmen dieser Arbeit jedoch nicht ausführlich eingegangen werden kann. Nachfolgend sollen alle Dimensionen genannt, jedoch lediglich auf die für die Ausarbeitung zentrale Dimension genauer eingegangen werden.

Generell bezieht sich Nachhaltigkeit auf eine zeitliche Dimension, da ihr Konzept auf die Zukunft ausgerichtet ist. In diesem Sinn sind die akuten Praktiken der Menschen dazu bestimmt, in späteren Jahren Früchte zu tragen (vgl. 3:2; 4:1). Eine weitere zeitliche Dimension bezieht sich auf die Lebensdauer von Produkten. Jene werden insbesondere dann als nachhaltig erachtet, wenn sie lange Zeit genutzt werden können und somit zur Reduktion von Müll und Konsum beigetragen wird (vgl. 16:2; 17:67). Eine dritte Dimension befasst sich mit der divergierenden Einschätzung der Zeitintensität nachhaltiger und unnachhaltiger Lebensweisen. Einerseits werden nachhaltige Praktiken, wie zum Beispiel die eigene Herstellung von Lebensmitteln, als sehr zeitintensiv wahrgenommen (vgl. 7:145; 19:150). Andererseits gelten konventionelle Praktiken, wie die Entsorgung von (Verpackungs-)Müll, als sehr zeitaufwändig (vgl. vgl. 7:61). Ebenfalls zeigte sich, dass häufig ein zeitlicher Bezug zur Vergangenheit hergestellt wird, welcher mit dem Wunsch der Rückkehr zu früheren Praktiken, wie etwa dem unverpackten Kauf von Lebensmitteln oder dem geringen Konsum von Fleisch, einhergeht (vgl. 6:182; 17:87).

In Bezug auf die Prämissen der Nachhaltigkeitsideologie spielt indes jene Dimension von Zeit eine Rolle, welche sich darauf bezieht, dass der Wandel zu einem nachhaltigeren Leben Zeit benötigt:

> „(…) und einfach bissel gechillt (1.0) den rasierhobel (.) als beispiel jetzt (..) bin ich sicherlich n halbes jahr (..) mit dem thema schwanger gegangen [I: ja] (.) aber (.) ich hab halt noch die ersatz äh (.) rasierklingen (.) von meinem plastikding noch daheim gehabt (.) also hab ich da gar keinen zeitdruck gehabt (…)“ (6:41).

Die befragte Person macht deutlich, dass die nachhaltige Anpassung der eigenen Tätigkeiten „*gechillt*“ angegangen werden soll. Als Beispiel führt sie ihren Wechsel von einem herkömmlichen Rasierer zu einem

Rasierhobel an und beschreibt, dass sie sich ein halbes Jahr dazu Gedanken gemacht hat, bevor sie letztlich den Rasierhobel gekauft hat. Demzufolge vertreten die Interviewten die Meinung, dass die Aneignung neuen Wissens und die Umstellung der Praktiken nicht unvermittelt stattfinden müssen und können. Vielmehr handelt es sich dabei um einen schrittweisen Prozess. Jener wird in Kapitel 5.2 noch genauer beschrieben.

Freude
Damit eine Ideologie ihrerseits nachhält bedarf es, neben den bereits beschriebenen Voraussetzungen, auch „Freude am Thema“ und dessen praktischer Umsetzung:

> „(…) ich würd sagen ich leb so ziemlich nachhaltig ((lacht)) (1.5) aber nur weil ich des einfach (.) ich hab spaß dran (.) ich hab freude dran (.) ich [I: ja] (.) ähm mir gefällts (…)“ (5:44).

Folglich ist Spaß an der Sache maßgeblich für ein nachhaltig nachhaltiges Leben. Menschen müssen intrinsisch motiviert sein und dürfen nicht von außen zu einem nachhaltigen Leben gedrängt werden, wie bei der Thematisierung des Kodes „Ablehnung Zwang“ bereits besprochen wurde. Diese Bedingung gibt einen Hinweis darauf, dass Emotionen bei der Thematik Nachhaltigkeit eine wichtige Rolle spielen.

5.1.3 Nachhaltigkeit als neuer Geist des Kapitalismus?

Weber gelingt es in „Die protestantische Ethik und der Geist des Kapitalismus“ nachzuzeichnen, in welch starkem Umfang sich Weltanschauungen bzw. Ideologien im Handeln bzw. in den Praktiken der Menschen niederschlagen und dadurch historisch relevante Massenerscheinungen, wie beispielsweise den Kapitalismus, begünstigen können. Weber selbst begreift dabei soziales Handeln primär als das Ergebnis bewusster Entscheidungen bzw. der Befolgung einer Ethik. In seinem Werk bezieht er sich auf die Wahlverwandtschaft zwischen der methodisch-rationalen Lebensführung der Puritaner:innen und der Berufsethik des Kapitalismus und beschreibt, wie erstere die Ausbreitung letzterer vorantreiben konnte (vgl. Lichtblau und Weiß 2016, S. 75; Müller 2007, 85f). Er resümiert, dass trotz des Verlusts der religiösen Ethik und somit des Geists des Kapitalismus, heute ein stahlharten Gehäuse übriggeblieben ist (vgl. Lichtblau und Weiß 2016, S. 171). Webers Idee der Wirksamkeit derlei Ethiken ist mit Blick auf die gegenwärtige Popularität der Nachhaltigkeitsideologie von besonderem

Interesse. Da die vorangegangene Analyse der Daten darauf hindeutet, dass das Leben im Sinne einer nachhaltigen Ideologie relevante Parallelen zur protestantischen Ethik aufweist, stellt sich zudem die Frage, ob Nachhaltigkeit als neuer Geist des Kapitalismus fungiert. Dieses Kapitel dient dazu, die Analogien zwischen den beiden Weltanschauungen herauszustellen und eine Antwort auf die Frage nach der Wirkung der Nachhaltigkeitsideologie zu geben.

Die offenkundigste Parallele zwischen protestantischer Ethik und nachhaltiger Ideologie findet auf einer rhetorischen Ebene statt. Sie spiegelt sich in Formulierungen wider, welche Nachhaltigkeit mit Religion gleichsetzen: „(…) *deswegen hat (.) ist ja auch dieser eindruck überhaupt erst entstanden bei vielen afdlern dass des (.) äh (.) ne neue religion ist* (…)“ (20:103) oder „*Eine neue Öko-Religion, deren Anarchist das Auto ist*“ (Heisterhagen und Laurin 2019). Weiterhin bekräftigt der Gebrauch von Begrifflichkeiten wie „*missionieren*“ (2:227; 7:75; 19:153), „*bekehren*“ (39:9), „*kasteien*“ (7:144) oder „*Sünde*“ bzw. „*sündigen*“ (5:110; 18:90; 19:44) den Vergleich zwischen nachhaltiger und religiöser Glaubensvorstellung. Spinnt man die Religionsmetapher weiter, können der Schutz der Welt und die damit verbundene nachhaltige Praxis als heilig und konventionelle Vorstellungen und Aktivitäten als profan begriffen werden. Selbstverständlich basiert das Handeln nachhaltig lebender Personen dabei auf anderen Beweggründen als jenes der Puritaner:innen. Während letztere davon getrieben wurden, mit jeder Tat zur Mehrung von Gottes Ruhm beizutragen und sich im Zuge dessen der eigenen Seligkeit zu vergewissern, werden erstere davon angespornt zum Schutz der Menschen und ihrer (Um-)Welt beizutragen. Die Angst vor den Folgen des konventionellen (Wirtschafts-)Systems, welche in Kapitel 5.1.2 bereits beschrieben wurden, dient dabei vermutlich als treibende Kraft.

Weiterhin haben die beiden Weltanschauungen gemein, dass sie in eine Rationalisierung des Alltags münden. Bei den Puritaner:innen rührt das zum einen von Gottes Forderung den eigenen Alltag systematisch im Sinne eines heiligen Lebens zu führen, um ihm Ehre zu erweisen. Zum anderen bietet ein gottesgläubiges Leben den Gläubigen die Möglichkeit sich selbst der eigenen Auserwähltheit zu versichern (vgl. Lichtblau und Weiß 2016, 92ff, 108). Bei an Nachhaltigkeit orientierten Personen ist der Grund für die Rationalisierung des Alltags pragmatischer. Wie in Abschnitt 5.1.3 aufgezeigt wurde, bedingt die mit „Handeln“ kodierte Prämisse, dass die Befragten, basierend auf ihrem nachhaltigen Wissen, ihre alltäglichen Aktivitäten überdenken und im Sinne ihrer Ideologie neu ausrichten. Daraus resultiert, dass sie ihren Alltag im Sinne ihrer Nachhaltigkeitsvorstellung planen und leben. Grund dafür ist, dass angenommen wird, dass eine einzelne nachhaltige Tat nicht in ausreichendem Maß zu dem angestrebten Wandel beiträgt. „(…) *blöd ist es dann wenn du dann sagst naja gut aber darauf kann ich auch nicht verzichten und darauf auch nicht darauf auch nicht und dann ist man (.) ist es eigentlich wieder wie vorher* (…)“ (7:150). Das Zitat verdeutlich, dass die Individuen zwar nicht vollständig nachhaltig leben müssen, jedoch ein gewisser Grad notwendig ist, um einen Unterschied zur bisherigen „Normalität“ darzustellen und dadurch zu einem Wandel beitragen zu können. Folglich bestimmt Nachhaltigkeit, wie auch der puritanische Glaube, signifikant den Alltag der „Gläubigen“.

Ein zentraler Aspekt nimmt dabei Askese bzw. Verzicht ein. Im Puritanismus bedeutet das das Verbot von Konsumption und „irrationalem Genuss“. Selbige gelten als verwerflich, da sie mit Kosten verbunden sind und die Zeit der Gläubigen vergeuden. Sowohl das Kapital als auch die Zeit der Individuen sollen ausnahmslos zur Mehrung des Ruhms Gottes verwendet werden. Als ideales asketisches Mittel wird rastlose Berufsarbeit verstanden, da sie jeglichen Konsum verhindert. Im Rahmen einer nachhaltigen Weltanschauung kommt Verzicht ebenfalls eine besondere Bedeutung bei. Der Anlass dafür ist indes primär ein anderer. Konsum selbst wird als schädlich angesehen und nicht nur, wie im Glauben der Puritaner:innen, die daraus resultierende Zeit- und Kapitalverschwendung. Verzicht richtet sich demnach ganz zentral auf den Schutz begrenzter Ressourcen und die, mit überflüssigem Konsum einhergehenden, Nebenfolgen wie Vermüllung, Klimawandel, Abholzung der Regenwälder, Verunreinigung von Wasser, Erde, Luft u.v.m. Bei besonders nachhaltig orientierten Personen geht die kritische Einstellung bezüglich Konsum noch über die genannten Aspekte hinaus und nähert sich dem puritanischen Askesegedanken an: „(…) *aber ich konsumiere gerne auch (1.5) mal (...) n echt (..) blöden romantischen film wo ich mir eigentlich denke (..) könntest ja auch was sinnvolles tun* (…)“ (5:128). Anhand des Beispiels wird deutlich, dass nicht etwa die durch die Produktion des Filmes entstandenen und mit dessen Konsum unterstützten Umweltschäden problematisiert werden, sondern die mit dem Konsum entstehende Verschwendung der Zeit. Letztere könnte gemäß der interviewten Person stattdessen auch für etwas „*sinnvolles*“ verwendet werden. Diese Beschreibung erinnert an das asketische Mittel der rastlosen Berufsarbeit der Puritaner:innen.

Die hier skizzierten Parallelen zwischen nachhaltiger Ideologie und asketischem Protestantismus legen folglich die Überlegung nahe, dass die mit der nachhaltigen Ideologie verbundenen Einstellungen und Praktiken den Kapitalismus befeuern und Nachhaltigkeit somit als neuer Geist des Kapitalismus dient. Führt man diese Überlegung weiter würde es bedeuten, dass all jene Geschäftsleute, die ihren Alltag im Sinne der Nachhaltigkeitsideologie methodisch-rational gestalten, eine hohe Verzichtsleistung erbringen und das Bestreben haben, etwas Sinnvolles zu tun, die idealen Kapitalist:innen der Zukunft sind. Folgt man Webers Beobachtung des Verbleibs der Katholik:innen im Handwerk im Vergleich zum Wechsel der Protestant:innen in höhere Positionen, würden all jene, die die nachhaltige Ideologie nicht teilen oder nicht derart konsequent leben, in Zukunft wirtschaftlich zurückfallen.

Bei der Analyse der Daten wurden jedoch auch Aspekte offengelegt, welche jener Überlegung widersprechen. Unter anderem ist hierbei anzuführen, dass nachhaltige Lebensweisen noch die Ausnahme darstellen. Wie in Kapitel 5.1.1 beschrieben wurde, gelten innerhalb unserer Gesellschaft konventionelle (Praktiken) als Normalität. Nachhaltigkeit und damit verbundene Praktiken sind noch selten. Bewegungen wie Fridays for Future könnten in Zukunft jedoch dazu führen, dass das Thema innerhalb unserer Gesellschaft immer präsenter und insbesondere alltäglicher wird. Jedoch darf dabei nicht vergessen werden, dass es sich bei Nachhaltigkeit zwar um eine gesellschaftlich anerkannte Norm handelt, diese aber bedingt durch die Individualisierung, mit individuellen Gewichtungen einhergeht. Folglich wird nicht wie im puritanischen Glauben auf identische Weise die gleiche Lehre befolgt, sondern es wird sich lediglich daran orientiert. Im Gegensatz zur Einheitlichkeit des asketischen Protestantismus ist Nachhaltigkeit durch eine Vielfalt gekennzeichnet.

Des Weiteren ist die scheinbare Abwesenheit des Strebens nach der Steigerung des eigenen Kapitals zu nennen. Auch wenn vereinzelt Firmen, in Form von Greenwashing, versuchen den Zahn der Zeit zu treffen und daraus Gewinn zu schlagen, scheint dies bei den Befragten nicht der Fall zu sein. Das wurde speziell bei Feldaufenthalten und Gesprächen in den Unverpacktläden deutlich: „(…) *irgendwo wollen wir natürlich davon auch leben können (.) wird aber nie zu viert möglich sein (.) das ist auch klar* (…)“ (5:256). Zwar haben die Inhaber:innen mit Eröffnung eines solchen Geschäfts den Wunsch davon leben zu können, geben sich jedoch damit zufrieden, dass der Gewinn nicht für alle reicht und sie deshalb zusätzlich anderen beruflichen Tätigkeiten nachgehen müssen. In deren Denkweise deutet folglich nichts auf den Drang der stetigen Steigerung des eigenen Kapitals hin. Überdies scheint es den Inhaber:innen wichtiger zu sein die Nachhaltigkeitsthematik sichtbar und zugänglich zu machen, als Profit daraus zu schlagen. Das wird in dem folgenden Beispiel deutlich:

> „(…) Sie riet der Kundin selbst Kulturen anzusetzen und erzählte, dass sie selbst Kulturen für veganen Joghurt angesetzt hatte und ließ die Kundin von dem Joghurt probieren. Da die Kundin begeistert von dieser Idee war, gab J ihr eine kostenlose Probe ihrer eigenen Kulturen mit und erklärte ihr ausführlich, wie man derlei Kulturen anlegt und mit diesen veganen Joghurt herstellen kann. Ihre Bereitschaft begründete sie damit, dass sie Leute die „Bock darauf haben etwas selbst zu machen und daran interessiert sind" gerne unterstützt (…)" (10:7).

Anstatt der Kundin einen fertigen Joghurt zu verkaufen, unterstützt die Inhaberin die Kundin bei der eigenen Herstellung. Dadurch trägt sie selbst dazu bei, dass die Kundin sowohl akut als auch in Zukunft keinen veganen Joghurt mehr im Unverpacktladen kaufen wird. Grund für eine derartige Handlung könnte die, mit der nachhaltigen Ideologie einhergehende, Kritik an Konsum und (Wirtschafts-)System sein. Durch die uneigennützige Unterstützung der Kundin kann die Inhaberin zwar selbst keinen Profit erzielen, wirkt jedoch konventionellem Konsum entgegen. Vergleichbar verhält es sich mit einem Pfandsystem für Gläser. Jenes stellt durch die Reinigung der Gläser einen Kosten- und Zeitaufwand für den Unverpacktladen dar. Nichtsdestotrotz sind die Pfandgläser für die Kund:innen nicht teurer, als wenn sie ein eigenes Glas erwerben würden. Dadurch ermöglicht der Laden den Kauf neuer Behältnisse zu minimieren (vgl. 9:6; 11:12). Hier scheint folglich das ökologische Interesse übergeordnet zu sein.

Abschließend sind zwei Punkt anzuführen, welche innerhalb des puritanischen Glaubens und des Kapitalismus eine maßgebende Rolle spielen: Verzicht und Arbeit als „Selbstzweck des Lebens" (vgl. Lichtblau und Weiß 2016, 146ff). Entgegen der vorangegangenen Beschreibung der Parallele zwischen Askese und Verzicht zeigte sich in der Analyse, dass jener Anspruch zwar besteht, in der Praxis jedoch häufig nicht eingehalten wird. Wie schon erwähnt, wurde jener Widerspruch mit „Diskrepanz Werte und Praktiken" kodiert.

Ferner deutete nichts in dem Datenmaterial darauf hin, dass die Befragten Arbeit als Zweck des Lebens begreifen. Das könnte der Tatsache geschuldet sein, dass Nachhaltigkeit in unserer Gesellschaft noch eine

Ausnahme darstellt. Infolgedessen handelt es sich bei den meisten Berufen um konventionelle Tätigkeiten wie z.B. Automechaniker:in oder Verkäufer:in in einem konventionellen (Lebensmittel-)Geschäft u.v.m. Für nachhaltig lebende Personen besteht demnach kaum Anreiz, in einem solchen Beruf rastlos tätig zu werden. Vielmehr wird die eigene Energie in außerberufliche Aktivitäten investiert, innerhalb derer dem eigenen Nachhaltigkeitsinteresse nachgekommen werden kann.

Bedingt durch die Tatsachen, dass weder der Trieb nach rastloser Berufsarbeit noch das Streben nach Kapital bei den Befragten nachweisbar sind und die Askese nicht derart umfassend gelebt wird, kann angenommen werden, dass Nachhaltigkeit nicht als neuer Geist des Kapitalismus dient. Auch wenn zwischen Nachhaltigkeit und Kapitalismus demnach keine Wahlverwandtschaft besteht wurde durch die Betrachtung Webers Theorie deutlich, welch starken Einfluss die Nachhaltigkeitsideologie auf die Praktiken der Menschen haben kann. Wird nun angenommen, dass die Nachhaltigkeitsthematik in Zukunft weiter an Relevanz gewinnen wird und voraussichtlich immer mehr Menschen demgemäß leben, ist die Frage nach den Effekten jener Weltanschauung auf unsere Gesellschaft von großem Interesse.

Wie bereits angesprochen wurde folgt Weber der Annahme, dass Handeln primär das Ergebnis bewusster Entscheidungen bzw. der Befolgung der nachhaltigen Ideologie ist (vgl. Krais und Gebauer 2002, S. 5). Infolgedessen blendet er (soziale) Kontexte weitestgehend aus. Wie die Analyse der Daten im nachfolgenden Unterkapitel zeigt, sind selbige jedoch nicht zu vernachlässigen. Bourdieus Habitus-Konzept trägt dieser Abkehr vom „intentionalen Handeln“ Rechnung und soll im Anschluss, in Kapitel 5.2.2, auf die vorliegenden Daten bezogen werden.

5.2 Aneignung und Hemmnisse der Nachhaltigkeitsideologie

Bei der Untersuchung der Daten wurde deutlich, dass keine:r der Befragten von Kindheit an mit der Thematik Nachhaltigkeit vertraut war, sondern erst später im Leben damit konfrontiert wurden. Erst die thematische Konfrontation führte zur Aneignung einer individuellen Nachhaltigkeitsvorstellung. Deren Herausbildung bzw. Aneignung und die damit verbundenen Praktiken scheinen sich prozesshaft zu entwickeln und mit alten Gewohnheiten zu kämpfen zu haben. Die Beobachtung dessen, dass die Weiterentwicklung des eigenen Denkens und der damit verbundenen Praktiken nicht ohne weiteres möglich ist und inkorporierte Strukturen ein Hemmnis darstellen, scheint mit Hilfe Bourdieus Habitus-Konzept greifbar gemacht werden zu können.

5.2.1 Prozesshaftigkeit

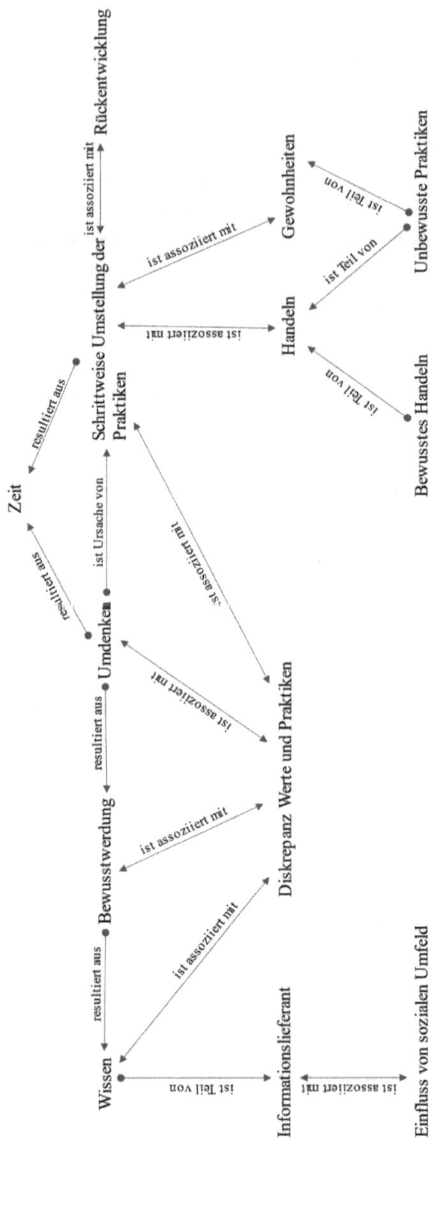

Abbildung 2: Netzwerk "Prozesshaftigkeit"

Wie in Abbildung 2 zu erkennen ist, sind die Kodes „Wissen“, „Bewusstwerdung“, „Umdenken“, „Schrittweise Umstellung der Praktiken“ und „Rückentwicklung“ für das Verständnis der Prozesshaftigkeit Aneignung der nachhaltigen Ideologie elementar und sollen im weiteren Verlauf jeweils genauer erläutert werden. Aufgrund dessen, dass der Kode „Wissen“ bereits in Kapitel 5.1.3 genauer vorgestellt wurde, wird auf ihn an dieser Stelle nicht mehr explizit eingegangen. Es gilt lediglich erneut darauf hinzuweisen, dass Wissen eine grundlegende Bedingung für die Entwicklung der individuellen Nachhaltigkeitsvorstellung ist. Das Wissen wird über Informationslieferanten wie beispielsweise die klassischen Medien (Zeitung, TV und Radio) (vgl. 6:24; 21:55), das Internet (Youtube, Blogs, Utopia) (vgl. 3:113; 6:165), Apps (Kodecheck, Toxfox etc.) (vgl. 6:22), Ratgeberliteratur (vgl. 19:136), Schule und Studium (vgl. 3:115), Informationsveranstaltungen und Aktionen (Messen, Demonstrationen usw.) (vgl. 11:4) sowie Institutionen/Einrichtungen (z.B. Unverpacktladen), vermittelt. Auch Personen können in Form von sozialen Bewegungen, Influencer:innen oder Personen des öffentlichen Lebens zur Wissensvermittlung beitragen. Zudem kann das soziale Umfeld Einfluss nehmen. Diesbezüglich lautet die Antwort eines Interviewten auf die Frage, woher er das Wissen bezogen habe, welches ihn zu einem nachhaltigen Leben veranlasst habe:

> „(…) also (..) gibt so (.) gab so eine (.) eine gruppe (1.0) in meinem freundeskreis und die hat halt so stark (.) ist halt so stark in diese richtung gegangen (..) [I: mhm] was mir auch (.) des sind eben auch so die_ connections zur solwai und so weiter (.) und auch zum andern unverpacktladen (..) u_nd daher kommt des auf jeden fall (…)“ (2:73).

Demnach kann das soziale Umfeld, speziell wenn es Personen bzw. Gruppen umfasst, die ihrerseits an einem nachhaltigen Leben orientiert sind, als Informationslieferant und Ausgangspunkt für ein nachhaltiges Leben dienen. Weiterhin wurde im Rahmen der Analyse deutlich, dass Wissen allein nicht ausreicht, um eine Person zu einem nachhaltigen Leben zu veranlassen. Vielmehr scheint es dafür noch zwei weitere Schritte zu benötigen.

Bewusstwerdung

Der erste der beiden Schritte wurde mit „Bewusstwerdung“ kodiert. Der Kode unterscheidet sich insofern von Wissen, als dass die Person beginnt das Wissen auf sich zu beziehen:

> „(…) mir ist dann auch bewusst (.) geworden (.) wie viel fleisch ich dann davor eigentlich esse seitdem (.) also wie wie einfach irgendwie mal ne salami auf dem brot gelangt ist (.) [I: mhm] (.) ja (.) ähm (.) wo ich auch bis heute_ (.) dieser etwas (.) seltsamen meinung bin dass viele leute (.) gar nicht bewusst ist dass sie fleisch konsumieren (.) häufig (…)" (19:75).

An dieser Stelle wird angenommen, dass durch die Bekanntheit der gesellschaftlichen Debatte über die negativen Auswirkungen von übermäßigem Fleischkonsum für Körper und Umwelt, die befragte Person zu diesem Moment bereits über das Wissen verfügt. Ab einem gewissen Zeitpunkt wendete der Befragte das Wissen auf sich selbst an und realisierte dadurch bzw. nahm *„bewusst"* wahr, wieviel Fleisch er tatsächlich konsumiert. Formulierungen wie *„wie einfach irgendwie mal ne salami auf dem brot gelangt"* oder *„gar nicht bewusst ist dass sie fleisch konsumieren"* deuten zudem darauf hin, dass es sich bei der konventionellen Praktik des Fleischkonsums um eine Gewohnheit handelt, die von den Menschen häufig unbewusst praktiziert wird. Mit der Bewusstwerdung der eigenen Praktiken geht einher, dass die Person beginnt sich gezielt bzw. bewusst mit der Thematik und der eigenen Rolle darin auseinanderzusetzen:

> „(…) weil so des thema ähm ha wurde erst in den letzten jahren (.) also wo ich BEWUSST angefangen hab darüber nachzudenken (.) [I: mhm] °h leben wir nachhaltig und so weiter hat erst vor zwei drei jahren angefangen (…)" (20:37).

Durch die Aussage *„wo ich bewusst angefangen hab darüber nachzudenken"* wird signalisiert, dass nachhaltiges Wissen bis vor zwei oder drei Jahren scheinbar passiv vorhanden war, dann jedoch aktiv damit begonnen wurde sich mit Nachhaltigkeit und den eigenen Praktiken auseinanderzusetzen. Das bedeutet jedoch nicht zwangsläufig, dass eine Person beginnt ihr Leben nachhaltiger zu gestalten. Stattdessen scheint bei den eher unnachhaltigen unter den Befragten der Prozess an dieser Stelle zu enden. Bei den eher nachhaltigen Personen scheint hingegen ein weiterer Schritt stattgefunden zu haben.

Umdenken

Im Anschluss an das Erlangen eines solchen Bewusstseins bedarf es noch den Aspekt „Umdenken". Der Invivo-Kode befasst sich mit dem Prozess, innerhalb dessen sich eine neue, nachhaltige Denkweise zu eigen gemacht wird. Das nachfolgende Zitat fasst das wie folgt zusammen:

> „(...) aber es ist halt au die frage ich muss halt au die denkart der (.) äh der menschen beeinflussen °h ich muss jetzt fragen brauch ich jetzt unbedingt erdbeeren im januar (.) die aus (..) was weiß ich südafrika eingeflogen werden [I: ja] (1.0) und solche dinge des ((räuspert sich)) könnte (.) des ist ein umdenken man muss dann halt au wieder sagen okay (.) ich ernähr mich jahreszeitengemäß (...)“ (16:25).

Hierin wird deutlich, dass die konventionelle „*Denkart*“ dahingehend „*beeinflusst*“ werden muss, dass die Menschen damit beginnen ihre bisherigen Praktiken, wie etwa den Kauf von Erdbeeren im Winter, zu hinterfragen und „*umzudenken*“. Das Umdenken innerhalb des Beispiels beinhaltet somit, dass es zum Standard wird nur noch saisonale Produkte zu konsumieren. Die Daten weisen zudem darauf hin, dass das Umdenken nicht abrupt stattfindet, sondern es sich dabei um einen ständig weiterentwickelnden Prozess handelt, der von dem Aspekt Zeit bedingt wird:

> „(...) und dann (..) man kommt tatsächlich in der nachhaltigkeit hab ich das gefühl von einem thema zum anderen (.) [I: mhm] °hh (.) deswegen kommt bei mir immer mehr so aspekte dazu ähm (...)“ (7:180).

Die hier beschriebene Prozesshaftigkeit des Umdenkens wird unter anderem als zunehmende „*Radikalisierung*“ (7:187) beschrieben. Der Entwicklungscharakter spiegelt sich auch darin wider, dass die Befragten meist nur grobe Angaben zum Beginn der Aneignung ihrer nachhaltigen Praktiken machen können:

> „(...) und da hab ich ganz normal im supermarkt eingekauft (...) so (.) so wie es viele machen glaube ich (1.0) und dann kam so ein bisschen die (.) des umdenken (..) ähm u_nd jetzt achte ich (...) seit (.) jaa sagen wir mal seit vier jahren °h erstens drauf was qualität ist ähm das heißt woher es kommt(..) u_nd dann_ (.) vor allem natürlich auch wie_ viel umweltbelastung da mitkommt und da_ ist natürlich auch vor allem die verpackung (...)“ (2:51).

Die vage Formulierung „*seit (.) jaa sagen wir mal seit vier jahren*“ beschreibt, dass das Umdenken nicht zu einem bestimmten Zeitpunkt, sondern vor rund vier Jahren stattgefunden hat. Zudem beinhaltet das Zitat einen Aspekt, der im nächsten Schritt genauer beleuchtet werden soll. Der Befragte spricht nämlich nicht nur von der kognitiven Ebene des Umdenkens, sondern bezieht sich im Zuge dessen auch auf die daraus resultierende Umstellung seiner Praktiken. Mit dem Umdenken begann er qualitativ hochwertige Produkte zu kaufen und Verpackungsmaterial durch unverpackte Einkäufe zu meiden. Die vorangegangenen kognitiven Prozesse Wissen, Bewusstwerdung und Umdenken münden somit auf der Praxisebene der Umstellung der Praktiken und tragen damit dem Kode „Handeln“ Rechnung.

Schrittweise Umstellung der Praktiken

Wie in Kapitel 5.1.1 bereits im Hinblick auf die Kodes „Individualisierung“ und „Individuelle Nachhaltigkeitsvorstellung und Praktiken“ beschrieben wurde, wird Nachhaltigkeit sehr unterschiedlich gedacht und gelebt. Doch unabhängig davon, ob nur wenige Bereiche des Lebens nachhaltig verändert werden oder fast alle Praktiken im Sinne der Nachhaltigkeitsideologie ausgerichtet werden, besteht die Prozesshaftigkeit nicht nur auf der kognitiven, sondern auch auf der praxisbezogenen Ebene. Das bedeutet, dass das eigene Leben und die darin enthaltenen Praktiken nicht von einem Tag auf den anderen geändert werden, sondern es sich dabei ebenfalls um einen „*schrittweisen*“ (4:11) Prozess handelt. Der Ausschnitt eines Interviews mit einer Person, die bereits seit über 15 Jahren sehr nachhaltig lebt, illustriert dies besonders deutlich: „(…) *also ich fahre immer noch auto und äh ich ähm (1.0) ja esse immer noch manchmal tierische produkte und äh (1.0) also es gibt vie vieles was äh was da noch ist* (…)“ (4:56). Vor allem die Formulierung „*noch*“ betont, dass eine nachhaltige Lebensweise ein andauernder Prozess ist. Außerdem wird durch das Zitat deutlich, dass das Umdenken und Umstellen der Praktiken nicht zwingend zeitgleich verlaufen. Obwohl die Person über das Wissen verfügt, dass Autofahren und der Konsum tierischer Produkte aus nachhaltiger Perspektive fraglich sind und sie eben jene Ideologie auch selbst vertritt, hat sie ihre Praktiken dahingehend „*noch*“ nicht angepasst. Die Verwendung des Wortes „*noch*“ könnte dabei nicht nur die Absicht der Person ausdrücken, dass der Wandel in Zukunft zu erwarten ist, sondern ebenfalls das Scheitern einer bisher nicht erreichten Idealvorstellung signalisieren. Das nächste Zitat gibt die Prozesshaftigkeit der Entwicklung sehr reflektiert wieder:

> „(…) plastikfrei leben und des war bei mir auch so (1.0) und da hab ich mir dann eben dieses (.) ähm diesen stichtag gesetzt und (2.0) ja ab dann da hab ich angefangen [I:ja] aber viele andere schritte sind (..) eben wie ich schon sagte (.) im zuge von so ner radikalisierung später hinzugekommen (..) also °hh ich hab (...) ich dann auch (.) wenig fleisch gegessen (.) relativ bald aber so richtig (.) strenge vegetarierin ähm (..) bin ich auch erst seit (.) ehrlich gesagt seit ich C kenne ((lacht)) (…)“ (7:42).

Zwar beschreibt die Befragte in dem Transkriptionsausschnitt, dass sie ihre Praktiken in Bezug auf Plastikvermeidung mit der Festlegung eines Stichtages radikal umgestellt hat, jedoch andere Praktiken nach und nach „*hinzukamen*". So kam nach dem Plastikverzicht die Umstellung der Ernährung, welche ihrerseits schrittweise, von reduziertem Fleischkonsum zu vollständigem Verzicht, verlief. Das Zitat legt außerdem die Überlegung nahe, dass innerhalb der schrittweisen Umstellung der Praktiken die einzelnen Lebensbereiche getrennt voneinander angegangen werden. Die folgende Aussage scheint das zu bestätigen:

> „(…) sonst wird bahn gefahren halt (1.0) ähm das ist nichts weltbewegendes aber das mach ich auch schon seit zehn jahren ungefähr so (.) bei der ernährung (.) tatsächlich erst so seit (1.5) jaa_ vier vielleicht (.) vier fünf jahren (…)" (2:172).

Die hier zitierte Person hat zunächst die Praktiken in dem Bereich Mobilität und in späteren Jahren in dem Bereich Ernährung umgestellt. Grund dafür könnte die individuelle Gewichtung der, für die Person besonders relevanten, Themen sein.

Gewohnheiten

Die Tatsache, dass bei den Praktiken „*eins zum anderen kommt*" (3:15) wird von den Befragten mitunter darauf zurückgeführt, dass es sich dabei um Gewohnheiten handelt, deren Umstellung nicht abrupt möglich ist:

> „(…) des ist halt (.) tatsächlich einfach ne gewohnheitssache und gewohnheiten gehn halt meistens nicht von heut auf morgen (..) ä_hm und können von heut auf morgen umgestellt werden (.) sondern brauchen halt ne zeit und deswegen sind es ja gewohnheiten (…)" (2:63).

Da Gewohnheiten lange gelebt wurden, können sie demnach nur schwer abgelegt oder ersetzt werden. Die Prozesshaftigkeit des nachhaltig Werdens ist demzufolge auch auf hartnäckige Gewohnheiten aus der nicht nachhaltigen Vergangenheit zurückzuführen. Auch das nächste Zitat bezieht zu eingefahrenen (Konsum-)Gewohnheiten Stellung:

> „(…) und ich glaub (.) aber (.) äh_ d (.) also den (..) die sache mit dem klimawandel irgendwie zu regel des funktioniert halt nur auch wenn man krass konsumgewohnheiten ändert (.) und wenn wir halt nich (..) also eigentlich müssen wir halt vom wohlstand ((unverständlich)) runter (.) und das den leuten halt zu vermitteln wenn die manchmal so_ eingefahren sind

(...) u_nd sich fragen wie soll ich ohne das leben (.) also wo gar keine bereitschaft (..) dazu da ist (.) auf irgendwas zu verzichten von dem was sie haben (..) das find ich echt ((lacht)) total [I: ja] ich weiß nicht wie das gehen soll (…)“ (7:281).

An dieser Stelle kommt es nicht nur zur Kritik an Konsum und (Wirtschafts-)System, sondern es wird auch die Sorge darüber ausgedrückt, wie übermächtig Gewohnheiten das Denken und Handeln der Personen bestimmen können. Wenn die Individuen jedoch dazu bereit sind, sich davon zu lösen, auf Dinge zu verzichten und ihre Praktiken anzupassen dauert es abermals, bis die neuen Praktiken verinnerlicht wurden: „(…) *ich stimme dir zu, jeder muss für sich selbst die Vorteile entdecken, denn nur so bleiben die Leute dauerhaft dran und neue Verhaltensweisen werden zur Gewohnheit* (…)“ (40:26). Folglich bedarf die Umstellung konventioneller Praktiken hin zu nachhaltigen insbesondere Zeit. Nimmt man sich diese, können die neuen, nachhaltigen Praktiken ihrerseits zu Gewohnheiten werden.

Darüber hinaus steht der Kode „Gewohnheiten“ mit den Kodes „unbewusst“ und „bewusst“ in Verbindung. In Anbetracht dessen, dass die beiden zwar nur bedingt mit der Prozesshaftigkeit der Aneignung der nachhaltigen Ideologie zusammenhängen, sie jedoch mit Blick auf Gewohnheiten und Praktiken von grundlegender Bedeutung sind, soll nachfolgend ein kurzer Exkurs zu deren Erläuterung vorgenommen werden. Auf der einen Seite scheinen sowohl nachhaltige als auch nicht nachhaltige Praktiken häufig unbewusst vollzogen zu werden:

„(…) also wenn ich ähm_ keine zeit hab oder in stress und hektik bin dann (..) überhaupt nicht (.) also dann mach ich mir was des (.) dann hab ich so mein allgemeines bewusstsein von dem wo ich es schon weiß (…)“ (18:80).

Das Zitat beschreibt wie die Person in Situationen mit wenig Zeit ihren Gewohnheiten folgt bzw. unbewusst, im Rahmen dessen was sie bezüglich Nachhaltigkeit „*schon weiß*“, handelt. Auch nichtnachhaltige Praktiken können unbewusst ausgeführt werden: „(…) *ähm (...) genau also (2.0) ja_ des (.) man vers (..) man versuchts aber häufig denkt man auch nicht so dran das ist (.) immer ein bisschen dieses problem* (…)“ (19:66). Zwar wird innerhalb des Ausschnitts thematisiert, dass „*versucht*“ wird nachhaltig zu leben, man jedoch oft nicht daran denkt und infolgedessen unbewusst unnachhaltig agiert.

Unter gewissen Umständen scheint sich jedoch das eigene Handeln bewusst gemacht und mit der eigenen Nachhaltigkeitsvorstellung abgeglichen zu werden: „(…) *also ich kauf die mir bewusst SO selten dass ich an sich kein schlechtes gewissen hab* (…)“ (19:175). Hier erläutert der Befragte, dass er bewusst den Kauf eines bestimmten Produktes verringert, damit er, wenn er es sich doch einmal gönnt, „*kein schlechtes Gewissen*“ haben muss. Der Nichtkauf scheint demnach (noch) nicht unbewusst vonstattenzugehen oder anders formuliert noch nicht zur Gewohnheit geworden zu sein.

Rückentwicklung

Die bisher besprochenen Aspekte der Prozesshaftigkeit zeichnen das Bild einer Entwicklung nach, die stets nach vorne gerichtet ist. Bei der Analyse der Daten wurden indes Äußerungen ausgemacht, die darauf hindeuten, dass der Prozess auch stagnieren oder gar rückläufig werden kann. Diese Gegentendenzen wurden mit „Rückentwicklung“ kodiert. Das bedeutet, dass die Schritte Wissen, Bewusstwerdung und Umdenken stattgefunden haben und auch die Praktiken zweitweise dahingehend umgestellt wurden. Unterschiedliche Gründe haben dann jedoch dazu geführt, dass die Befragten ihre nachhaltigen Praktiken wieder aufgegeben haben und es folglich auf der praxisbezogenen Ebene zu einer Rückentwicklung kam. Diese Gegentendenz fand bei den Befragten jedoch nur partiell, also lediglich in bestimmten Bereichen statt. Gründe für diese Entwicklung können sein: die Dominanz alter Gewohnheiten (vgl. 2:67), Gesundheit und Hygiene (vgl. 6:198), die Feststellung der Personen, dass sie auf die konventionelle Variante nicht verzichten wollen (vgl. 7:292) sowie Zeit- und Praktikabilitätsgründe (vgl. 7:289). Letztere werden von einem Befragten wie folgt beschrieben:

> „(…) ich hab auch mal (.) n monat mal probiert weitestgehend vegan zu leben (.) [I: mhm] des hat auch ganz gut geklappt (.) eigentlich aber dann bin ich halt wieder um (.) gestiegen weil mir (.) einfach diese planung und sowas (.) des ist einfach ein bisschen (.) viel arbeit dann gewesen (…)“ (19:16).

Hierin wird zum einen deutlich, dass der umfassende Zeit- und Planungsaufwand die Person dazu veranlasst hat sich nicht länger vegan, sondern wieder konventionell zu ernähren. Zum anderen zeigt die Aussage auf, dass nachhaltige Handlungen innerhalb eines Monats nicht ausreichend verinnerlicht werden und zu neuen Gewohnheiten avancieren konnten. Das wiederum bestätigt die Annahme, dass die Umstellung zu einem nachhaltigen Leben besonders von dem Faktor Zeit abhängig ist. Von grundlegender Bedeutung ist demnach, ob sich eine soziale Praktik verinnerlicht und im „fortlaufenden doing reproduziert wird" (Hasenfratz 2018, S. 108).

Zu erwähnen ist jedoch, dass sich die Rückentwicklung in den vorliegenden Daten lediglich auf die Durchführung der Praktiken und nicht etwa auf die kognitive Ebene bezieht. Es ist jedoch denkbar, dass letztere ebenfalls verändert werden kann. Das könnte aufgrund neuer Erkenntnisse, wie zum Beispiel neuer wissenschaftlicher Informationen über ein bis dahin nachhaltig geglaubtes Produkt, der Fall sein. Dieses neue Wissen könnte daraufhin wieder ein Bewusstwerden und Umdenken mit sich führen und würde somit eine Veränderung auf der kognitiven Ebene bewirken.

5.2.2 Nachhaltiger Habitus? Zwischen Gewohnheiten und Weiterentwicklung

Im vorangegangenen Unterkapitel wurde die prozesshafte Aneignung der individuellen Nachhaltigkeitsvorstellung und der damit verbundenen Praktiken rekonstruiert. Jene Erkenntnis ist nur aufgrund der Tatsache dessen möglich, dass die Befragten nicht schon von Beginn an nachhaltig gelebt haben. Vielmehr scheint Nachhaltigkeit in deren Kindheit keine tragende Rolle gespielt zu haben:

> „(…) so nen (.) so nen (..) starken input (.) oder so n (.) so ne motivation von den eltern aus eigentlich nicht ne (…)" (2:79) und „(…) ich hab schon immer viel draußen gespielt und (..) viel im garten mit meiner mutter gearbeitet (.) ähm (..) hab mich viel mit pflanzen beschäftigt (1.5) aber (.) ich komm jetzt nicht aus einer totalen ökofamilie oder so (…)" (3:19).

Während die erste Person keinerlei nachhaltige Bezugspunkte innerhalb ihrer Familie hatte, beschreibt die zweite Person, dass in ihrer Kindheit eine gewisse Naturverbundenheit vorhanden war, sie jedoch aus keiner *„totalen Ökofamilie"* stammt. Aufgrund dieser Formulierung wird angenommen, dass neben der Tätigkeit im Garten und dem Interesse an Pflanzen keine ausgeprägte Tendenz zu nachhaltigen Praktiken gegeben war. Folgt man nun Bourdieus Annahme, dass die Habitusformierung innerhalb der Primärsozialisation in der Kindheit stattfindet bedeutet das, dass keine:r der Befragten Nachhaltigkeit zunächst inkorporiert hatte. Stattdessen kam es zur Verinnerlichung konventioneller, meist eher unnachhaltiger Wahrnehmungs- Denk- und Handlungsschemata. Jene werden von einer Befragten wie folgt thematisiert:

„(...) wo ich so denke kra_ss (.) als des ist so (..) die leute sind so eingefahren in ihren (.) ((schnalzt)) mechanismen und in ihren handlungsweisen (..) des find ich manchmal erschreckend [I: mhm] das ist alles erlernt (.) also wer hat (.) wer kam irgendwann auf die idee dass man alles in ne plastiktüte packen muss (..) äh (..) des (.) und die leute haben kein zutrauen in sich (..) dass es auch ohne geht also die können sich vieles gar nicht vorstellen und so (...)" (7:277).

In der Aussage geht die Person darauf ein, dass nichtnachhaltige „*Handlungsweisen*" bzw. soziale Praktiken, wie der Gebrauch von Plastiktüten, erlernt sind. Damit beschreibt sie treffend die unhinterfragte Inkorporation einer nicht nachhaltigen Praktik. Weiter äußert sie ihr Unverständnis gegenüber der „*Eingefahrenheit*" der Menschen und der Tatsache, dass sie sich nicht trauen ihre Aktivitäten zu hinterfragen und über den Tellerrand zu blicken. Das mag zum einen der Tatsache geschuldet sein, dass der Habitus persönliche und soziale Identität ist und dementsprechend nicht ohne Weiteres verändert werden kann. Zum anderen kann hier die Hysteresis des Habitus, also der Trägheitseffekt, zum Tragen kommen. Trotz des zunehmenden Wissens über die Folgen nichtnachhaltiger Praktiken wird auf die inkorporierten Schemata beharrt. Äußerungen innerhalb des Zitats wie „*krass*" und „*erschreckend*" legen zudem nahe, dass die Person sich von diesen „*eingefahrenen Handlungsweisen*" distanziert (hat) und mehr im Sinne der nachhaltigen Ideologie denkt und lebt.

Basierend auf der Erkenntnis, dass Nachhaltigkeit zunächst nicht in den Habitus der Interviewten eingelagert war stellt sich die Frage wie es dazu kam, dass manche der befragten Personen, speziell die besonders nachhaltigen, nun entgegen der verinnerlichten, nichtnachhaltigen Schemata agieren. Diese Tendenz scheint sich meist zu einem späteren Zeitpunkt des Lebens herausgebildet zu haben:

„(...) ähm deswegen kam des dann eher so mit dem (.) auszug und dem wegzug der familie [I: mhm] dann in n eigenes (.) eigenen haushalt und [I: ja] ähm (..) ja (.) genau (.) mit anfang des studiums (...)" (3:19).

Demzufolge kam bei der Interviewten die Thematik erst mit der Gründung ihres eigenen Haushaltes und dem Beginn des Studiums auf. Wie in Kapitel 5.2.1 erwähnt, handelt es sich bei der Schule bzw. dem Studium um einen Informationslieferanten, welcher zur Aneignung nachhaltigen Wissens beitragen kann. Jene Wissensvermittlung scheint bei der Veränderung der Habitus der Befragten eine wesentliche Rolle gespielt zu haben. Karol und Gale sprechen diesbezüglich auch von

„Umweltkapital“ (Environmental Capital) (vgl. 2004, S. 5). Darunter verstehen sie „primarily knowledge about the environment“ und folgern weiter: „it is only through the accumulation of valuable environmental capital that one can adapt to a ‘habitus of sustainability’“ (Karol und Gale 2004, S. 5-8). Auch Bourdieu beschreibt, dass durch neues Wissen ausgelöste Lernprozesse die Modifizierung des Habitus einer Person möglich ist. Demzufolge kann es, durch das von den Informationslieferanten vermittelte Wissen bzw. „Umweltkapital“ zur Weiterentwicklung des Habitus einer Person kommen. Wichtig ist dabei, dass die Person offen für die nachhaltige Restrukturierung ihrer Wahrnehmungs-, Denk- und Handlungsschemata ist. Wie im vorangegangenen Kapitel beschrieben, bedarf es nämlich nicht nur der Komponente Wissen, sondern auch der Bewusstwerdung des eigenen Denkens- und der eigenen Praktiken und einem daraus resultierenden Umdenken.

Ist das der Fall können im Rahmen der schrittweisen Umstellung alte Praktiken abgelegt und neue erlernt werden. Wie bereits in Kapitel 3.4.3 erläutert, ist hierfür insbesondere das mimetische Lernen, also das Einüben von Praktiken durch die körperlich-sinnliche Interaktion, an der (Weiter-)Entwicklung des Habitus beteiligt. Das körperliche Einüben bzw. Erlernen neuer, nachhaltiger Praktiken ist dabei nicht zu unterschätzen, da sie zum Teil eine signifikante Umstellung und die Loslösung von alten Gewohnheiten mit sich bringen. Im vorangegangenen Teil der Ausarbeitung (siehe Kapitel 5.1.3) wurden bereits in Bezug auf den Kode „Handeln“ beschrieben, inwiefern sich nachhaltige von konventionellen Praktiken unterscheiden können. Ein weiteres Beispiel, welches das Erlernen neuer Praktiken veranschaulicht, stellt der Gebrauch einer Haarseife dar. Die verpackungsfreie Variante des Shampoos geht mit solch einer veränderten Anwendungsweise einher. Statt wie gewohnt die gewünschte Menge Shampoo aus einer Plastikflasche zu gewinnen, sieht sich der oder die Verbraucher:in mit einem trockenen Stück Seife konfrontiert. Daraufhin stellt sich die Frage, wie das Produkt korrekt aufgetragen wird, welche Menge für das eigene Haar ausreichend ist und ob es aufgrund des kalkhaltigen Wassers einer sauren Rinse aus Essig bedarf u.v.m. Diverse Webseiten mit Beschreibungen und Tipps zur korrekten Anwendung von Haarseifen (vgl. https://utopia.de/ratgeber/haarseife-infos-anwendung-tipps/) tragen der Tatsache Rechnung, dass diese vermeintlich geringe Änderung der Praktiken mit einer größeren Umstellung einhergeht als zunächst erwartet.

Es müssen jedoch nicht nur neue Praktiken erlernt, sondern damit verbunden auch Gewohnheiten des alten, nichtnachhaltigen Habitus aufgegeben werden. Aufgrund dessen, dass jene jahrelang Teil der eigenen Person waren ist nur logisch, dass die Umstellung prozesshaft verläuft und Zeit benötigt. Das bedeutet, dass das in Kapitel 3.2 beschriebene Spektrum zwischen den Extremen anthropozentrisch und physiozentrisch, durch einen weiteren Aspekt zu ergänzen ist. Denn wie die vorangegangenen Erläuterungen zur Prozesshaftigkeit deutlich gemacht haben, ist die Positionierung auf dem Spektrum nicht endgültig, sondern von einer temporalen Dimension abhängig. Diese Erkenntnis geht mit Hasenfratz′ Formulierung einer „Philosophie der kleinen Schritte" konform (2018, S. 102).

Unabhängig davon, ob nichtnachhaltige oder nachhaltige Gewohnheiten bei den Befragten verinnerlicht wurden, kann angenommen werden, dass die damit verbundenen Praktiken meist unbewusst vollzogen werden. Dahingehend unterscheidet sich Bourdieu von Weber. Während Bourdieu das verinnerlichte Soziale als unbewussten Antrieb für die Praktiken der Menschen begreift, nimmt Weber an, dass sich Individuen für ein Leben im Sinne einer Religion bzw. Ethik entscheiden und dahingehend ihr Handeln bewusst ausrichten.

Überdies wird die besondere Bedeutung von Körperlichkeit in folgendem Ausschnitt beschrieben:

> „(…) auch des einkaufserlebnis ist n andres (1.5) du musst die (..) die lebensmittel anfü (.) anfassen (.) du fühlst sie richtig du weißt (..) da ist einfach (.) klar ist im supermarkt auch nur ne verpackung zwischen dir und der hand aber (.) du tust was dafür [I: ja] (1.5) du_ hast dir im prinzip dein lebensmittel abgezapft (.) hast dein gefäß in den laden geschleppt oder dein was auch immer (.) und und dann bringst dus nach hause das ist viel mehr wertschöpfung (…)" (5:223).

Das Zitat drückt aus, welche Rolle dem Körper bei der Ausführung der Praktiken beikommt. Er macht den Einkauf zu einem „*Erlebnis*", verbindet die Personen mit ihrer Umwelt, führt neue Handgriffe aus, leistet anstrengende Arbeit und trägt damit zur kognitiven Wertschätzung der Produkte bei. Die mit dem Körper erlebten und vollbrachten Erfahrungen werden in den Körper der Personen eingeschrieben und als Erfahrungswissen darin gespeichert. Der Körper ist dadurch nicht nur das Medium des Habitus, sondern als Speicher sozialer Erfahrungen ein substanzieller Teil dessen. Demnach wird gesellschaftlich Ordnung durch soziale Praktiken und nicht mentale Prozesse hergestellt. Hasenfratz fasst treffend zusammen:

> „Nachhaltiges Handeln kann jedoch nur als Bündel »sozialer Praktiken« (Reckwitz2003) verstanden werden, welche in den Habitus einer Person, d.h. in kulturelle »Wahrnehmungs-, Denk- und Handlungsschemata« (Bourdieu 2014a: 101) eingebettet sind und als routinisierte Verhaltensweisen vom »praktischen Verstehen« und »impliziten Wissen« (Reckwitz 2003: 289) der Akteure abhängen" (2018, S. 104).

Somit können, durch die Konfrontation mit neuem Wissen, Lernprozesse ausgelöst werden, welche den Habitus einer Person neu strukturieren und jener daraufhin als nachhaltiger Habitus begriffen werden kann. Selbiger strukturiert dann seinerseits die Praxis seines bzw. seiner Träger:in.

Es gilt zu beachten, dass, wie in 5.2.1 beschrieben, die Aneignung der nachhaltigen Ideologie nicht immer in einer vorwärts gerichteten Bewegung verläuft. Vielmehr kann es auch zur Stagnation oder Rückentwicklung kommen. Eine Stagnation der Entwicklung könnte dann der Fall sein, wenn die Wissenszufuhr endet oder bereits verinnerlichte Wahrnehmungs- Denk- und Handlungsschemata dominieren bzw. die Hysteresis des Habitus wirksam wird. Für eine Rückentwicklung wurden in Kapitel 5.21. bereits Gründe wie ein zu hoher Zeitaufwand, die eigene Gesundheit, keinen Verzicht leisten zu wollen oder die Vorrangstellung alter Gewohnheiten genannt. Auch diese Gründe lassen sich mit der Dominanz bzw. Hysteresis des ursprünglichen, nichtnachhaltigen Habitus erklären. Es kam demnach nicht zu einer Weiterentwicklung des Habitus, sondern lediglich zu dem zeitweisen Versuch, sich aufgrund des neu erlangten Wissens zu verändern. Folglich können die unterschiedliche Wissenszufuhr und die daraus resultierenden Lernprozesse sowie der Trägheitseffekt des „alten" Habitus mit für die Pluralität der Nachhaltigkeitshabitus der Befragten verantwortlich gemacht werden. Letztere werde im Folgenden anhand einer empirisch fundierten Typologie systematisiert.

6. Typen nachhaltiger Lebensweisen

Bisher wurden, unter Zuhilfenahme der Theoriekonzepte von Weber und Bourdieu, Einblicke in die zentralen Bereiche der nachhaltigen Ideologie sowie eine dahingehende Weiterentwicklung des Habitus der Befragten gegeben. Dabei wurden vermehrt die Kodes „Individualisierung“ und „Individuelle Nachhaltigkeitsvorstellung und Praktiken“ angesprochen und damit die Tatsache, dass die interviewten Personen Nachhaltigkeit unterschiedlich denken und leben. Das anschließende Kapitel greift eben jene Vielfalt auf und versucht mittels einer empirisch fundierten Typologie die Heterogenität des Feldes greifbarer zu machen.

Wie in der nachfolgenden Abbildung 3 zu erkennen ist liefert der Kode „Individuelle Nachhaltigkeitsvorstellung und Praktiken“ die Grundlage dafür, dass zwischen unterschiedlichen Typen nachhaltiger Lebensweisen differenziert werden kann. Die Typenbildung erfolgt dabei anhand der in den Daten erkennbaren Unterschiede in Umfang und Intensität der Nachhaltigkeitsvorstellung und der damit verbundenen Ausführung nachhaltiger Praktiken. So konnten die vier Typen „minimal nachhaltig“, „bedingt nachhaltig“, „bestrebt nachhaltig“ und „äußerst nachhaltig“ ausgemacht werden. Das dargestellte Netzwerk selbst ist nicht dazu geeignet die gebildeten Typen an sich darzustellen. Es ermöglicht jedoch einen Einblick in das Spektrum, innerhalb dessen sich die unterschiedlichen Denk- und Handlungstypen bewegen. Der linke Pol umfasst all jene, für die die eigene Selbstverwirklichung an erster Stelle steht. Nachhaltigkeit ist in deren Leben nicht von zentraler Bedeutung. Der rechte Pol wiederum repräsentiert die Personen, deren nachhaltige Ideologie vor anderen Lebensbereichen Vorrang hat. Die aus dem Datenmaterial herausgearbeiteten Typen sind zwischen den beiden Polen zu verorten und sollen nachfolgend vorgestellt werden.

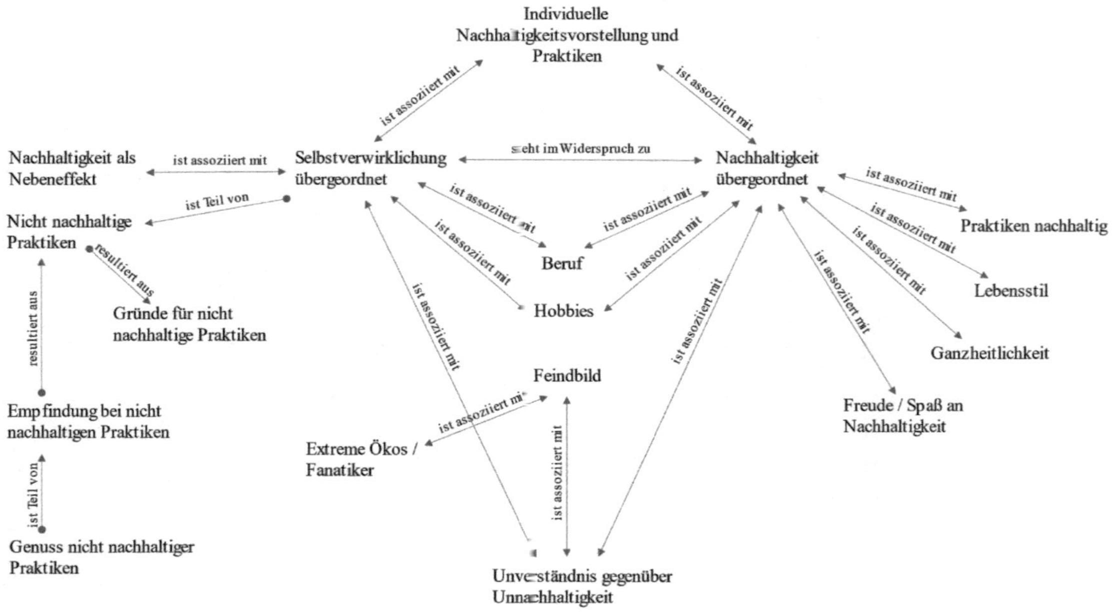

Abbildung 3: Netzwerk "Typen nachhaltiger Lebensweisen"

6.1 Die minimal Nachhaltigen

Nachhaltigkeitsvorstellung

Die „minimal Nachhaltigen" zeichnen sich durch eine Nachhaltigkeitsvorstellung aus, die folgende Aspekte umfasst:

> „(…) nachhaltigkeit (.) ist für mich n begriff ähm wie man mit seiner umwelt umgeht und was halt (.) äh so in zwanzig jahren ist (.) [I: mhm (2.0) ja] und was noch joa_ (.) nachhaltigkeit und halt ob viele sachen sinnvoll sind ob ma jetzt (.) spazieren fahrt mit dem auto (.) obs sei muss oder net (...) [I: ja] wege de umwelt und so (…)" (21:1).

Wie in dem Zitat deutlich wird, bezieht sich Nachhaltigkeit hier auf die eigenen, ökologischen Praktiken im Hinblick auf eine temporale Dimension. Wie man jetzt *„mit seiner Umwelt umgeht"* wirkt sich darauf aus, was *„so in zwanzig Jahren ist"*. Man ist somit dafür verantwortlich, in welchem Zustand sich die Umwelt in einigen Jahren befindet und muss hinterfragen, ob Aktivitäten, wie zum Beispiel Spazierfahrten mit dem Auto, *„sein müssen oder nicht"*. Das erinnert stark an Carlowitz' Nachhaltigkeitsverständnis der ersten Tradition. Auch der folgende Ausschnitt veranschaulicht, dass „minimal Nachhaltige" die Notwendigkeit von Nachhaltigkeit erkennen und als sinnvoll erachten. So äußerte sich die Person in Bezug auf unachtsam weggeworfene Zigaretten:

> „(…) ah_ wege de umwelt weil die dinger ewig (.) brauche (.) bis se halt (..) verrottet sind und äh halt au wege weil es gibt irgendwelche leut wo s halt wegräume müsse (.) [I: ja] oder i_rgendwann ist halt d planet so zugemüllt (1.0) dass halt nix meh gibt dann (…)" (21:12).

Neben der unnötigen Last für jene Personen, welche die Reste der Zigaretten entsorgen müssen, wird darauf hingewiesen, dass die unrechtmäßige Entsorgung der Zigaretten durch deren langsame Zersetzung eine Belastung für die Umwelt darstellt und *„den Planeten so zumüllt, dass nichts mehr geht"*. Anhand dieser Formulierung wird deutlich, dass die Person um die Notwendigkeit von Nachhaltigkeit weiß und nachhaltige Praktiken, wie die korrekte Entsorgung von Müll, theoretisch für sinnvoll erachtet. Demnach scheint ein gewisses Unverständnis gegenüber Unnachhaltigkeit vorhanden zu sein. Aufgrund dieser Einsicht und der Tatsache, dass in den Daten nichts auf eine antagonistische Einstellung hindeutet ist von „minimal nachhaltigen Personen" und nicht etwa von „unnachhaltigen Personen" die Rede.

Obwohl also eine Vorstellung von Nachhaltigkeit und der Bedeutung der Praktiken der Menschen existiert, scheint Nachhaltigkeit im eigenen Alltag der „minimal Nachhaltigen“ indes keine Rolle zu spielen und praktisch nicht berücksichtigt zu werden:

> „(…) u_nd äh in bezug auf meine freunde die ((lacht)) lebe au net ding (.) nachhaltig (.) die hen au alle dicke autos des ist dene au echt alles grad egal (.) [I: ja (4.5) redet ihr manchmal über nachhaltigkeit oder ist des für euch gar kein thema (.)] kein thema (…)“ (21:35).

Die hier beschriebene und gleichermaßen kodierte „nicht nachhaltige Praktik“ in Form des Fahrens „*dicker Autos*“ ist demnach darauf zurückzuführen, dass das Thema den Personen „*grad egal*“ ist.

Gründe für minimale Nachhaltigkeit

Es stellt sich infolgedessen die Frage, wie es trotz der beschriebenen Vorstellung von Nachhaltigkeit dazu kommen kann, dass die Thematik im Leben der „minimal Nachhaltigen“ so hinfällig zu sein scheint. Einer der Gründe für nicht nachhaltige Praktiken wird wie folgt umschrieben:

> „(…) Natürlich wäre es wünschenswert, dass der Mensch im Einklang mit der Natur lebt. Bei unseren “Ansprüchen” und der momentanen Bevölkerungsdichte glaube ich aber nicht, dass das noch möglich sein wird (…)“ (39:90).

Die Annahme, dass ein Leben „*im Einklang mit der Natur*“ nicht mehr möglich ist, da zu viele Menschen zu hohe „*Ansprüche*“ haben, führt bei den „minimal Nachhaltigen“ folglich zu der Einsicht, dass die Umstellung der eigenen Praktiken sinnlos und „*verplemperte Zeit*“ (vgl. 21:62) ist. Doch scheint neben dieser „Tropfen auf den heißen Stein Annahme“ der gewichtigere Grund jener zu sein, dass die hedonistische „Selbstverwirklichung“ der Personen im Vordergrund steht:

> „(…) Ich will einfach Essen kaufen, um es zu essen. und ansonsten tun, was ich gerne tue. Überoptimierung gehört bei mir nicht dazu, auch nicht schlechte Gefühle haben, wenn jemand Luftballons auf einer Party als Deko aufhängt“ (40:44).

Folglich ist es das Ziel jener Personen nur das zu tun, worauf sie Lust haben. Das bedeutet jedoch nicht, dass sie bewusst unnachhaltig leben. Vielmehr handeln sie rein ichbezogen, ohne sich Gedanken über die Auswirkungen ihrer Aktivitäten zu machen. Aufgrund der Egozentrik und des Desinteresses an der Nachhaltigkeitsthematik gehen die nicht nachhaltigen Praktiken nicht etwa mit „*schlechten Gefühlen*“ einher, sondern mit „*Spaß*“ (21:40) und Genuss. Derlei Gefühle bzw. Emotionen wurden mit „Empfindung bei nicht nachhaltigen Praktiken“ kodiert.

Nachhaltige Praktiken

Die vorangegangenen Aspekte legen nahe, dass „minimal Nachhaltige“ stets unnachhaltig leben. Stattdessen konnte die Analyse der Daten aufzeigen, dass das nicht zwingend der Fall ist. So veranschaulicht das folgende Beispiel, dass Aktivitäten aus Eigennutz auch förderlich in einem nachhaltigen Sinn sein können:

> „(...) mh (.) also wenn ich viel (.) lkw fahren bin dann hab ich immer ne tasse dabei (.) aber des geht jetzt net unbedingt um des (.) nachhaltigkeits es geht einfach weil mich so plastik (.) äh papierbecher da aufregen (.) [I: warum regt der dich uf (1.5)] allein schon wei_l (.) sichs komisch anfühlt in de hand (...)“ (21:50).

Anstatt Einwegbecher aus beschichteter Pappe oder Kunststoff zu benutzen hat der Befragte auf längeren Fahrten stets eine Tasse bei sich. Dadurch trägt er zur Vermeidung von Müll bei. Grund dafür ist indes nicht der Umweltschutz, sondern die Tatsache, dass sich Papierbecher „*in der Hand komisch anfühlen*“. Die aus einem rein persönlichen Beweggrund resultierende nachhaltige Praktik ist somit nicht auf einen etwaigen Wertehorizont der Person zurückzuführen, sondern kann als „Nachhaltigkeit als Nebeneffekt“ begriffen und gleichermaßen kodiert werden.

Folglich befinden sich „minimal nachhaltige Personen“ in einem Spannungsfeld. Sie wissen, dass das Befolgen der nachhaltigen Ideologie notwendig ist, damit es auch ich Zukunft „*noch etwas gibt*“. Trotzdem spielt das Thema in deren Leben keine Rolle. Grund dafür sind sowohl die angenommene Ausweglosigkeit der Situation sowie die übergeordnete Selbstverwirklichung. Aufgrund dessen können sie innerhalb des Spektrums von Abbildung 3 eher, jedoch nicht gänzlich, dem linken Pol zugeordnet werden.

6.2 Die bedingt Nachhaltigen

Nachhaltigkeitsvorstellung

Der zweite Typus wird als „bedingt nachhaltig“ bezeichnet. Dessen Nachhaltigkeitsverständnis scheint sich auf den ersten Blick weitestgehend mit jenem der „minimal Nachhaltigen“ zu decken:

„(…) ähm_ also nachhaltiges leben bedeutet ja eigentlich (.) ähm (.) ja (.) die die EIGENE umweltbilanz so gut wie möglich zu halten [I: ja] beziehungsweise halt ähm (1.5) ja (.) möglichst WENIG (.) raubbau an der natur zu betreiben oder an der umwelt ähm und möglichst (.) ja (.) möglichst wenig davon kaputt zu machen und (.) äh möglichst auch ähm es zu schaffen dass man auch für das was man der erde nimmt (.) oder dem planeten nimmt auch irgendwas zurückgibt an die natur (…)“ (18:2).

Auch hier liegt, ganz im Sinne der ersten Tradition von Nachhaltigkeit, der Fokus auf dem Schutz und der Erhaltung der Natur und ihrer Ressourcen durch die Anpassung der eigenen Praktiken. Jedoch verweisen die Formulierungen *„so gut wie möglich“* oder *„möglichst wenig“* darauf, dass ein gewisser Schaden an der Natur zum Wohle des Menschen zu erwarten ist. Wird diese Überlegung fortgeführt bedeutet das, dass ein Machtgefälle besteht, innerhalb dessen der Mensch seiner (Um-)Welt übergeordnet ist. Demzufolge würde es sich hier um ein „aufgeklärtes Eigeninteresse“ im Sinne Hubers handeln, innerhalb dessen der Schutz der Umwelt dem Erhalt der eigenen Lebensgrundlage dient (siehe Kapitel 3.2, S. 10).

Darüber hinaus deuten die Daten darauf hin, dass sich die „bedingt Nachhaltigen“ auch eine Verantwortung gegenüber anderen Personen empfinden. So wird beispielsweise der unvermittelte Verzicht auf exotische Produkte als ein Risiko für Arbeiter:innen in anderen Ländern gewertet:

„(…) die leben ja davon (.) ja_ dass sie das was dort wächst (.) ja oder was sie anbauen KÖNNEN wie kaffee zum beispiel (.) kolumbien costa rica oder bananen [°h] oder ananas (.) dass sie das net LOkal verkaufen können weil da (.) finden sie keine abnehmer in dem maß sondern dass sie des exportieren können (…)“ (17:52).

Demnach wird hier die Sorge um die wirtschaftliche Situation von Menschen in anderen Ländern geäußert, was dem Aspekt soziale Nachhaltigkeit und demnach der zweiten Tradition des Nachhaltigkeitsbegriffs zugeordnet werden kann. Allerdings dient die Aussage im gleichen Zuge auch als Rechtfertigung dafür, weiterhin exotische Früchte zu konsumieren. Somit wird hier soziale gegen ökologische Nachhaltigkeit aufgewogen.

Unabhängig davon, ob es sich um ein aufgeklärtes Eigeninteresse handelt oder soziale Nachhaltigkeit als Rechtfertigung für eine ökologisch weniger nachhaltige Aktivität herangezogen wird, wurde deutlich, dass „bedingt Nachhaltige“ sich mehr Gedanken über die Thematik machen als „minimal nachhaltige Personen“ dies tun.

Nachhaltige Praktiken

Nicht nur in Bezug auf die Vorstellung von Nachhaltigkeit gehen die „bedingt Nachhaltigen“ über die „minimal Nachhaltigen“ hinaus. Auch bei der Ausübung nachhaltiger Praktiken konnte festgestellt werden, dass Nachhaltigkeit nicht nur ein Nebeneffekt ist. Allerdings kam dies, beispielsweise beim Kauf von Bio-Lebensmitteln aus gesundheitlichen Gründen (vgl. 18:26), auch bei diesem Typ vor. Überdies werden nachhaltige Praktiken gezielt vollzogen, ganz im Sinne der Nachhaltigkeitsvorstellung der „bedingt Nachhaltigen“. Dabei spielt vor allem der Verzicht auf unnötigen Konsum eine Rolle:

> „(...) dass ich äh meine güter (.) LÄNGERfristig gebrauche (.) sagen wir mal so ja [I: mhm] also was ma halt früher unter sparen verstanden hat (.) nachhaltig heißt halt dass ich mein konsumverhalten dahingehend änder (.) und äh mir nur die dinge ZULEGE die ich brauche (...)“ (16:1).

Konsumverzicht bedeutet demnach den eigenen Konsum nur auf das Nötigste zu beschränken und Produkte so lange wie möglich zu nutzen. Weiterhin wird er mit einer Form von ökonomischer Nachhaltigkeit gleichgesetzt, indem dadurch finanziell sparsam gelebt wird. Während Konsumverzicht aus ökologischen Gründen auf die Umwelt abzielt, hat er als Mittel zum Sparen ökologische Nachhaltigkeit lediglich als Nebenfolge. Aus dem Zitat ist jedoch nicht eindeutig ersichtlich, ob der ökologische oder der ökonomische Antrieb für den Befragten überwiegt.

Neben dem generellen Konsumverzicht (vgl. 17:8) wurden folgende weitere Praktiken genannt: die Pflege und Reparatur dessen was man besitzt (vgl. 16:21; 18:91), der Kauf qualitativ hochwertiger Produkte bzw. Lebensmittel (vgl. 19:97; 16:7; 17:67), möglichst regionaler und saisonaler Konsum von Lebensmitteln (vgl. 16:33; 17:40; 18:8; 19:4), der Kauf gebrauchter Güter (vgl. 16:61), bei gutem Wetter Fahrrad- statt Autofahren (vgl. 17:11), die Reduzierung des Fleischkonsums (vgl. 17:117; 18:43; 19:9), Mülltrennung (vgl. 16:71; 18:72) sowie die Anpassung des Urlaubsverhaltens (vgl. 16:46; 18:75).

Der Umfang der Aufzählung veranschaulicht, dass „bedingt Nachhaltige“ sich wesentlich mehr mit der Thematik auseinandersetzen und auch bestimmte Bereiche ihres Lebens dahingehend anpassen. Allerdings wurde bei der Analyse ebenfalls deutlich, dass die nachhaltige

Umstellung der Praktiken nur bis zu einem gewissen Umfang stattfindet, die „bedingt Nachhaltige" also klare Grenzen haben, inwieweit sie nachhaltig leben wollen.

Gründe der bedingten Nachhaltigkeit

Zunächst erweckt die Liste nachhaltiger Praktiken der „bedingt Nachhaltigen" den Eindruck, dass sie bereits viel machen, um ihrer Vorstellung von Nachhaltigkeit zu entsprechen. Besonders deutlich wird dies in folgendem Zitat: „(...) *weil ich denke es ist bei mir so ziemlich ausgereizt (.) [I: mhm (.) ja] also ich denke da geht nicht mehr viel mehr (..) noch nachhaltiger* (....)" (16:73). Hierin zeigt sich, dass der Befragte im Rahmen seiner individuellen Nachhaltigkeitsvorstellung seine Praktiken maximal angepasst hat. Folglich ist er mit dem Niveau seines nachhaltigen Lebens zufrieden. Betrachtet man die Aufzählung jedoch aus einer objektiven oder nachhaltigeren Perspektive fällt auf, dass die Praktiken nur bedingt angepasst wurden. So wird, zwar in abgeschwächter Form aber nichtsdestotrotz, nach wie vor Fleisch konsumiert, Auto gefahren oder in Urlaub geflogen.

Die Tatsache, dass es nach wie vor zu nicht nachhaltigen Aktivitäten kommt, kann auf unterschiedliche Gründe zurückgeführt werden. Als erstes ist dabei die bereits geschilderte Annahme anzuführen, dass die Vertreter:innen dieses Typus davon ausgehen, dass die Anpassung ihrer Praktiken angemessen ist und etwaige nicht nachhaltige Aspekte *„in vertretbarem Maß"* (17:18) stattfinden.

Darüber hinaus werden die Kodes „Determiniertheit" bzw. „(Infra-)Strukturelle Bedingungen" als Gründe angeführt. Aufgrund der limitierten Einkaufsmöglichkeiten vor Ort (vgl. 16:121; 18:37), der begrenzten Verfügbarkeit von nachhaltigen Produkten (vgl. 18:9; 19:7), der Notwendigkeit von Individualverkehr und Technik (vgl. 17:92; 19158) oder den Anforderungen im Beruf (16:155; 18:52) ist es den Personen nicht möglich nachhaltig zu sein. Nachfolgendes Zitat beschreibt eben jenes Gefühl der Machtlosigkeit:

> „(...) weil sie könne ja au net (..) äh sie können jetzt ja au net drauf bestehen oder so wenn sie äpfel kaufen und die sind in kunststofffolie eingepackt oder so (.) dann können sie net (.) ä_h äh sagen okay ich möchte des jetzt ausgepackt ham oder so ja (...)" (16:77).

Hier macht der Befragte seine nachhaltigen Praktiken von der Verfügbarkeit von Produkten abhängig. Wenn es nur Äpfel in Kunststofffolien gibt, hat er keine andere Wahl, als verpackte Äpfel zu kaufen. Die

Möglichkeit von Verzicht bzw. der Veränderung der eigenen Praktiken durch beispielsweise einem Einkauf auf dem Markt oder in einem Unverpacktladen scheint dabei nicht bedacht zu werden. Ob es sich dabei um eine Ausrede handelt oder der Befragte tatsächlich derart in den ihm vertrauten Wahrnehmungs- Denk- und Handlungsschemata eingebunden ist, dass er eine Alternative nicht realisiert, kann hier nicht abschließend geklärt werden.

Ein dritter Grund, der auch für das vorangegangene Beispiel eine Erklärung liefern könnte, stellt die Tatsache dar, dass auch die „bedingt Nachhaltigen" ihre Selbstverwirklichung über die nachhaltigen Werte stellen:

> „(…) ich ess jetzt zwar nicht jeden tag ne mango aber wenn ich lust auf ne mango hab dann ist es mir auch ehrlich gesagt (..) egal ob die jetzt aus südostasien hierher geschifft wird oder nicht dann (.) kauf ich sie halt (.) [I: mhm] da hab ich kein schlechtes gewissen bei (…)" (18:13).

Neben dem Hinweis, dass es nicht jeden Tag vorkommt, beschreibt der Interviewte an dieser Stelle sehr offen, dass er beim Kauf einer Mango seinem hedonistischen Verlangen folgt, ihm die Umstände der Handlung dabei *„egal"* sind und er kein schlechtes Gewissen diesbezüglich empfindet. Die mit dem Vollzug der nicht nachhaltiger Praktiken einhergehende Empfindung kann demnach mit „Genuss" kodiert werden. Insbesondere für „minimal" und „bedingt Nachhaltige" scheint jener selbstverständlich zu sein, da beide Typen im Rahmen ihrer individuellen Nachhaltigkeitsvorstellung nicht nachhaltige Praktiken als „normal" oder vertretbar erachten. Darauf deutet auch die Aussage *„dann ist mir das ehrlich gesagt egal ob die jetzt aus Südostasien hierher geschifft wird"* hin. Die hier geschilderte Unnachhaltigkeit geht zwar mit der eigenen Nachhaltigkeitsvorstellung konform, scheint jedoch eine Diskrepanz bezüglich der allgemeingültigen Werte darzustellen. Im Rahmen des Nachhaltigkeitsverständnisses der Person mag diese Form der Selbstverwirklichung akzeptabel zu sein, sie weiß jedoch, dass der Konsum tropischer Früchte generell als nicht nachhaltig gewertet wird. Vergleichbar verhält es sich bei den „minimal Nachhaltigen.

Als vierter Grund ist der Einfluss durch das soziale Umfeld anzuführen. Während selbiges als Informationslieferant nachhaltiges Wissen vermitteln und einen nachhaltigen Lebenswandel auslösen kann (vgl. 2:72; 6:167), kann es auch eine hemmende Wirkung haben. So antwortet eine Person auf die Frage hin, ob sie schon einmal versucht habe noch nachhaltiger zu leben:

„(…) eigentlich gehts nimmer nachhaltiger (1.0) WENIG wenig was (.) was halt dann nur mit immensem aufwand ist und dann (.) würden sie wahrscheinlich auch n paar leute vor den kopf stoßen (..) [I: ja] sagen wie ist denn DER drauf (…)" (16:76).

Folglich geht der Befragte zum einen davon aus, dass er schon maximal nachhaltig lebt bzw. das „*Wenige*" was noch möglich ist nur mit einem „*immensen Aufwand*" zu realisieren wäre. Diesen Aufwand scheint er persönlich als nicht verhältnismäßig zu erachten. Zum anderen beschreibt er seine Sorge darüber, dass das „*Wenige*" was noch zu ändern möglich wäre von seinem sozialen Umfeld als unnormal wahrgenommen und verurteilt werden würde.

Feindbild

Ferner wurde deutlich, dass die „bedingt Nachhaltigen" eine kritische Einstellung gegenüber allem einnehmen, das unnachhaltiger oder nachhaltiger ist als sie selbst. Derlei Äußerungen wurden unter „Feindbild" kodiert. Zum einen richtet sich die Kritik gegen die Wirtschaft und den damit einhergehenden Konsum (vgl. 16:101; 17:15) und hängt demnach mit dem bereits erwähnten Kode „Unverständnis gegenüber Unnachhaltigkeit" zusammen. Zum anderen scheinen jedoch auch besonders nachhaltig lebende Personen abgelohnt zu werden.

„(…) ansonsten versuch ich das zu halten (.) wenns net grad in strömen regnet fahr ich in der region mit dem fahrrad [I: mhm (..)] wenns weiter weg ist fahr ich mit dem auto (.) also ich bin jetzt kein FANATIKER ja (.) der zurück will in die steinzeit (…)" (17:13).

All jene, deren Nachhaltigkeitsvorstellungen und Praktiken deutlich über das Maß der „bedingt Nachhaltigen" hinausgehen und die beispielsweise auf Individualverkehr mittels Autos verzichten, werden mit Begriffen wie „Ökos" oder „Fanatiker" sichtbar abgewertet. Durch den Zusatz „*der zurück will in die Steinzeit*" werden überdies deren Praktiken als veraltet und nicht zeitgemäß dargestellt.

Zusammengefasst bedeutet das, dass die „bedingt Nachhaltigen" einen gewissen Grad an Wissen und Interesse für die Nachhaltigkeitsthematik mit sich bringen und sich daraus eine eigene Vorstellung von Nachhaltigkeit entwickelt hat, in Rahmen derer gelebt wird. Denkweisen und Praktiken, die sich außerhalb derer individuellen Nachhaltigkeitsvorstellung befinden, werden sehr kritisch betrachtet. Das wiederum stärkt und legitimiert deren eigene Anschauung. Alles in allem können „bedingt nachhaltige Personen" zwischen den Polen „Selbstverwirklichung übergeordnet“ und „Nachhaltigkeit übergeordnet“, mit einer leichten Tendenz zu ersterem, angesiedelt werden.

6.3 Die bestrebt Nachhaltigen

Neben den beiden bereits skizzierten Typen sind als drittes die „bestrebt Nachhaltigen“ zu nennen. Wie deren Bezeichnung bereits nahelegt, handelt es sich dabei um einen Typus, welcher deutlich mehr zum rechten Pol in Abbildung 3 tendiert.

Nachhaltigkeitsvorstellung

Die Weltanschauung der „bestrebt Nachhaltigen“ umfasst gleichermaßen eine ökologische und eine soziale Dimension und trägt dabei sowohl der ersten als auch der zweiten Tradition von Nachhaltigkeit Rechnung. Von den „bedingt Nachhaltigen“ unterscheiden sie sich dahingehend, dass sie die soziale Ebene noch stärker berücksichtigen. Der folgende Datenausschnitt bildet dies treffend ab:

> „(…) für mich ist des einfach der (.) umgang mit der natur und den ressourcen (..) ähm so dass ja (1.0) nicht nur uns (.) n gutes leben damit beschert werden kann sondern auch nachfolgenden generationen also im prinzip die (.) klassische (..) ähm definition von nachhaltigkeit (..) ähm (1.5) darüber hinaus (1.5) ja der der schonende umgang mit der natu_r (...) ähm_ aber auch die soziale komponente (..) [I: des heißt] (.) mh (.) keine ausbeutung (..) ähm von arbeitenden (3.0) was denn noch ((lacht)) (.) ähm ja (.) arbeits (.) schutz ähm (4.0) keine unterdrückung von minderheiten (.) sowas (…)“ (3:3).

Dementsprechend bezieht sich der „*Umgang mit der Natur und den Ressourcen*“ auf den Bereich der ökologischen Nachhaltigkeit. Der schonende Umgang damit soll ermöglichen, dass auch „*nachfolgende Generationen*“ ein „*gutes Leben*“ haben können. Damit wird zum ersten Mal explizit eine Verantwortung gegenüber späteren Generationen angesprochen. Doch nicht nur folgende Generationen werden in der Nachhaltigkeitsvorstellung der „bestrebt Nachhaltigen“ berücksichtigt. Stattdessen spielt bei ihnen auch die Verantwortung gegenüber anderen Personen eine wichtige Rolle. Diese wird, nicht wie bei den „bedingt Nachhaltigen“, losgelöst von jeglicher ökologischen Nachhaltigkeit gedacht und ist speziell auf Menschen gerichtet. Darunter fällt beispielsweise der Schutz von Arbeiter:innen oder jener von Minderheiten. Außerdem deutet die Formulierung „*klassische Definition von Nachhaltigkeit*“ nicht nur auf die Realisierung der gesellschaftlichen Vorstellung von

Nachhaltigkeit hin, sondern signalisiert weiter, dass sich die Person umfassender mit der Thematik auseinandergesetzt hat. Generell scheinen sich die „bestrebt Nachhaltigen“ im Vergleich zu den beiden vorangegangenen Typen anhaltender und tiefgreifender mit dem Thema zu beschäftigen.

Ferner wurde deutlich, dass die „bestrebt Nachhaltigen“ nicht nur tiefer in der Thematik verwurzelt, sondern auch milder in ihrem Urteil gegenüber anderen Denk- und Handlungsweisen sind. Zwar haben sie, wie auch die „bedingt Nachhaltigen“, das bestehende lineare Wirtschaftssystem und den damit einhergehenden Konsum der Gesellschaft als Feindbild (vgl. 2:113; 6:94; 8:67; 20:96), jedoch bringen sie ein gewisses Verständnis gegenüber nicht nachhaltigen Praktiken mit sich:

> „(…) ähm_ (2.5) und sonst ja (.) versuchen (1.5) n bisschen milde damit umzugehen (.) weils halt oft auch einfach unwissenheit ist und nicht (.) böse absicht [I: ja] (.) o_der dier person halt grad andre dinge hat (.) mit denen sie zu tun hat (.) ähm ja (…)“ (3:77)

Wie in dem Zitat deutlich wird ist das Verständnis darauf zurückzuführen, dass den „bedingt Nachhaltigen“ bewusst ist, dass Wissen für eine nachhaltige Lebensweise von zentraler Bedeutung ist. Folglich sehen sie nicht nachhaltige Praktiken nicht als Folge einer „bösen Absicht“, sondern führen sie auf die „*Unwissenheit*“ der Menschen zurück. Zudem zeigen sie Verständnis dafür, wenn Personen in andere Dinge verstrickt sind und sich deshalb nicht mit Nachhaltigkeit beschäftigen können. Ein Grund für das Verständnis könnte sein, dass die Befragten selbst von einem weniger nachhaltigen Leben zu einem nachhaltigeren Leben gekommen sind und die Schwierigkeit der Erweiterung des Habitus selbst erlebt haben bzw. nach wie vor erleben:

> „(…) wie beim eigenen (.) ä bei einem selbst (..) dass man diesen (.) diese um (.) diese umstellung nicht so von heute auf morgen ((unverständlich 2Sek) soll man das auch nicht von anderen (.) oder vom arbeitsumfeld erwarten (…)“ (2:95).

Nachhaltige Praktiken

Die intensive Auseinandersetzung der „bestrebt Nachhaltigen“ mit der Thematik verharrt nicht nur auf einer kognitiven Ebene, sondern drückt sich auch in ihrer Praxis aus. Das bedeutet, dass sie ihre Nachhaltigkeitsvorstellung noch mehr in den Alltag integrieren bzw. noch intensiver leben als die „bedingt Nachhaltigen“. Die höhere Intensität der gelebten Nachhaltigkeit spiegelt sich unter anderem darin wider, dass die

Personen Müll vermeiden indem sie ihre eigenen Gefäße beim Einkauf nutzen oder in Unverpacktläden einkaufen (vgl. 2:176; 3:139; 6:60), sich vermehrt vegetarisch oder vegan sowie regional und saisonal ernähren (2:21; 3:138; 8:99), häufig Gebrauch von öffentlichen Verkehrsmitteln machen (vgl. 2:176; 8:102), Produkte wie zum Beispiel ökologisch verträgliche Putzmittel selbst herstellen (vgl. 3:142; 6:152), Flugreisen reduzieren und kompensieren (vgl. 3:79; 6:72), durch ihre Vorbildfunktion oder Geschenke subtilen Einfluss auf ihr soziales Umfeld nehmen (vgl. 2:184; 6:56) sowie die Thematik durch Blogbeiträge oder politisches Engagement nach außen tragen (vgl. 3:149; 8:96). Darüber hinaus findet Nachhaltigkeit über die alltäglichen Praktiken hinweg teilweise Eingang in die Hobbies der „bestrebt Nachhaltigen". So wurden unter anderem das Engagement in einem Verein zum Thema solidarische Landwirtschaft (vgl. 22:9) oder in einem Netzwerk für mehr Ethik in Ökonomie und Praxis (vgl. 23:6) genannt. Zusätzlich zeichnet diesen Typ ein anhaltendes Bestreben danach aus, sich fortlaufend zu informieren und das bestehende Wissen zu aktualisieren (2:177; 6:165; 20:59). Dadurch können die „bestrebt Nachhaltigen" gewährleisten, ihre Aktivitäten nach den neusten nachhaltigen Erkenntnissen auszurichten. Dieses Streben nach Wissen und Weiterentwicklung legt die Vermutung nahe, dass sich die „bestrebt Nachhaltigen" teilweise noch in einem vorwärts gerichteten Entwicklungsprozess befinden.

Diskrepanz

Das anhaltende Interesse, das ausgeprägte Sendebewusstsein sowie die umfassenderen Praktiken vermitteln den Eindruck, dass Personen dieses Typs schon maximal nachhaltig leben. Hier konnten die Daten jedoch aufzeigen, dass das noch nicht der Fall ist. „Bestrebt Nachhaltige" weißen immer noch eine Diskrepanz zwischen Werten und Praktiken auf und üben folglich immer noch Praktiken aus, die objektiv betrachtet nicht ganz nachhaltig sind. Zum Beispiel kommt es immer wieder vor, dass verpackte Produkte gekauft (vgl. 2:112; 36:5; 6:109, 8:49), tierische Lebensmittel konsumiert (vgl. 2:147; 6:178; 8:54; 20:63) oder Flugreisen unternommen werden (vgl. 6:73). Nachfolgendes Zitat dient zur Veranschaulichung einer solchen Situation: „(…) *beispielsweise (..) ja aus bequemlichkeit irgendwas (.)im doch im supermarkt hol (.) ja so d (.) so verpackte käse oder was weiß ich was* (…)" (2:112). Darin beschreibt eine Person, dass es aus einer hedonistischen Lust an Käse und einer „*Bequemlichkeit*" zu einer nicht nachhaltigen Handlung kommt. Folglich ist auch bei den „bestrebt Nachhaltigen" der Wunsch nach

Selbstverwirklichung als Grund für derlei Diskrepanzen anzuführen. Die nachfolgende Aussage beschreibt dies sehr reflektiert:

> „(…) also (..) ich denke wichtig ist dass es den tieren gut geht aber (1.5) irgendwie denk ich halt ((lacht)) des ist n bisschen ihr job (.) die milch zu geben ((lacht)) also da_ stell ich mein eigenes bedürfnis über das (..) tier (…)" (7:126)

In dem Zitat wird beschrieben, dass die Person aus „*egoistischen*" (7:132) Gründen nicht dazu bereit ist ihre „*Komfortzone*" (7:136) zu verlassen und beispielsweise in diesem Moment auf Milch zu verzichten, obwohl das für das Wohl des Tieres und die Natur förderlich wäre.

Neben der Verwirklichung der eigenen Wünsche wurden auch Gewohnheiten als Grund ausgemacht. Wie der nachfolgende Datenausschnitt zeigt, fällt es Personen schwer verinnerlichte Praktiken abzulegen:

> „(…) mit mülltrennung hab ich ein bisschen ein problem (.) [I: mhm ja warum?] weil]äh (.) ich hab als kind selber nicht drauf achten müssen (.) mein mann kommt aus nem anderen bereich wo die halt jetzt zum beispiel keinen biomüll ne lange zeit hatten (.) [I: mhm] also sin äh (.) sind wir zwei personen die da jetzt nicht drauf achten dass des gescheit getrennt wird (…)" (20:28).

Während die eine Person gänzlich ohne jeglichen Bezug zur Mülltrennung sozialisiert wurde, ist die andere ein anderes Trennverfahren gewohnt. Beiden scheint es infolgedessen schwer zu fallen sich von diesen verinnerlichten Gewohnheiten zu lösen. Die Folge davon ist, dass beide nicht „*darauf achten, dass des gescheit getrennt wird*" und demnach nicht nachhaltig agieren. Die darin anklingende Unbedachtheit wurde bereits in Kapitel 2 thematisiert. Dort wurde beschrieben, dass Deborah Roy und ihre Kolleg:innen aufzeigen konnten, dass nicht nachhaltige Praktiken häufig aus einer solchen Gedankenlosigkeit heraus resultieren.

Weiterhin halten Gewohnheiten Menschen nicht nur davon ab gewisse Lebensbereiche nachhaltig auszurichten, sie können sogar dazu führen, dass der Versuch eines nachhaltigen Lebens gänzlich aufgegeben wird:

> „(…) weil se halt (.) des auch nicht hinkriegen und sich halt dann doch bisschen wieder zurückfallen auf alte gewohnheiten (..) und dann geben sie es vielleicht sogar eher auf als das sie es weiterbetreiben (…)" (2:67).

In dem Ausschnitt beschreibt der Befragte, dass andere Personen den Versuch eines nachhaltigen Lebens möglicherweise nicht „*hinkriegen*", in „*alte Gewohnheiten zurückfallen*" und als Resultat dessen den Versuch ganz einstellen. Sich über die eigenen Gewohnheiten hinwegzusetzen scheint insofern kein leichtes Unterfangen zu sein.

Wie schon bei den „bedingt Nachhaltigen" scheint auch hier das soziale Umfeld ein Grund für Diskrepanzen zu sein. Allerdings scheint bei dem Typus „bestrebt Nachhaltige" nicht etwa die Angst davor, was das soziale Umfeld möglicherweise denkt, der ausschlaggebende Grund zu sein. Vielmehr führt die Annahme, dass offenkundig nachhaltige Äußerungen oder Handlungen die Beziehung oder zumindest die Situation stören könnten, dazu, dass die Befragten zu Gunsten der sozialen Harmonie Nachhaltigkeit zurückstellen:

> „(…) zum beispiel ich bin irgendwo eingeladen und die (.) die kochen halt (..) oder es gibt halt irgendwas zum essen (..) und ich sehe was sie einkaufen und äh (.) mh (.) mh da bin ich halt manchmal des friedens willens still und akzeptiers (…)" (3:132).

Obwohl sich die Person eventuell an den unnachhaltigen Einkäufen ihrer Freunde stört, äußert sie sich „*des Friedens Willens*" nicht dazu und „*akzeptiert*" den nicht nachhaltigen Einkauf ihrer Freunde. Das soziale Umfeld kann demnach einen starken, hemmenden Einfluss haben.

6.4 Die äußerst Nachhaltigen

Der letzte der vier Typen wird als die „äußerst Nachhaltigen" bezeichnet und tendiert am meisten zu jener Seite des Spektrums, bei der Nachhaltigkeit über andere Bereiche übergeordnet ist. Nachfolgend soll aufgezeigt werden, wie genau die Denk- und Handlungsschemata der Personen davon geprägt sind.

Nachhaltigkeitsvorstellung
Vergleichbar mit den „bestrebt Nachhaltigen" liegt auch hier ein umfassendes Nachhaltigkeitsverständnis vor, welches sowohl ökologische als auch soziale Aspekte berücksichtigt. Es unterscheidet sich dahingehend von den „Bestrebten", dass sich soziale Nachhaltigkeit nicht „nur" auf gesellschaftliche Problemstellungen bezieht, sondern auch Nächstenliebe und ein Gefühl der Verbundenheit miteinschließt. Bei manchen Befragten scheint die Ideologie somit beinahe eine Ganzheitlichkeit anzunehmen. Das wird in den beiden folgenden Zitaten deutlich:

„ (…) wenn du nackt bist (..) wenn du da einfach sitzt mit irgendwelchen anderen leuten (.) find ich spürt man ne größere verbindung weil man (...) nicht mehr so n schutz hat (2.0) ich wünsch mir mehr dass wir (...) ne größere verbindung miteinander und mit der natur wieder spüren können (…)“ (5:169) und „(…)°hh und (.) jetzt wirds noch ein bisschen esoterischer das hat auch viel mit liebe zu tun (…)“ (7:192).

Die Ganzheitlichkeit umfasst somit die Liebe zu sich selbst, der Natur und allen anderen Menschen bzw. Lebewesen. Diese Weltanschauung erinnert stark an die in Kapitel 3.2 beschriebene Biozentrik, welche die Bewunderung und die Liebe zur Natur und der sich darin befindenden Lebewesen umfasst (siehe S. 9f).

Nachhaltige Praktiken

Inwieweit leben die „äußerst Nachhaltigen“ nun nach ihrer Nachhaltigkeitsvorstellung? Die Analyse der Daten konnte aufzeigen, dass beinahe das gesamte Leben der Personen im Sinne ihrer Ideologie ausgerichtet ist. Das äußert sich beispielsweise in einer weitestgehend pflanzlichen sowie regionalen und saisonalen Ernährung (vgl. 4:7; 5:219; 7:30;), einem beinahe vollständigen Verzicht auf Plastik und Verpackungsmaterial (vgl. 4:83; 5:63; 7:199), dem gänzlichen Verzicht auf Flugreisen (vgl. 4:71; 5:205; 7:26), dem Kauf oder der eigenen Herstellung nachhaltiger Kleidung (vgl. 4:43; 5:63; 7:219), dem weitestgehenden Verzicht auf Individualverkehr mittels eines Autos (vgl. 4:20; 5:53; 7:201), der eigenen Herstellung und dem Konservieren von Produkten und Lebensmitteln (vgl. 5:243), dem Verzicht von Produkten aus totalitär regierten Ländern (vgl. 7:30) oder der Vermeidung von Lebensmittelverschwendung (vgl. 5:232; 7:267). Neben der Anpassung der alltäglichen Praktiken konnte darüber hinaus festgestellt werden, dass die „äußerst Nachhaltigen“ auch Teile ihrer Freizeitaktivitäten (vgl. 24:6; 26:8) und sogar ihre berufliche Tätigkeit im Sinne ihrer Nachhaltigkeitsvorstellung ausrichten: „(…) *wenn man es ernst nimmt kann man einfach auch gewisse jobs nicht mehr ausüben (.)°h [I: mhm] weils nicht mehr passt* (…)“. Somit *„können“* die „äußerst Nachhaltigen“ konventionelle Berufe *„nicht mehr ausüben“* und sind infolgedessen in der Nachhaltigkeitsbranche beispielsweise als Inhaber:innen von Unverpacktläden (vgl. 4:84; 24:5; 26:7), der Führung eines Onlineshops (vgl. 26:7) oder im Bereich Elektromobilität (vgl. 22:8) tätig. Die eigene Nachhaltigkeitsvorstellung wird von den „äußerst Nachhaltigen“ demnach nicht nur in der Freizeit, sondern dem gesamten (Arbeits-)Tag umgesetzt.

Diskrepanz
Doch trotz dieser umfassenden und konsequenten Umsetzung der Ideologie kommt es auch bei den „äußerst Nachhaltigen“ gelegentlich zu Ausnahmen. In solchen Fällen machen auch sie Gebrauch von einem Auto (vgl. 4:32; 7:181), konsumieren „*auch mal*“ (5:191) verpackte Lebensmittel (vgl. 5:135; 7:130) oder Produkte, bei denen ihnen „*Wurst ist, wo das Zeug herkommt*“ (5:131). Doch setzt man das in Relation dazu, wie konsequent die „äußerst Nachhaltigen“ sonst leben, wird deutlich, dass es sich dabei um wenige Ausnahmen handelt. Die Berufung auf die eigene Konsequenz bezüglich der Einhaltung der eigenen Ideologie wird dann auch als Grund für einzelne, nicht nachhaltige Momente herangezogen. Die Befragten stützen sich in solchen Fällen darauf, dass es sich bei der Diskrepanz lediglich um eine Ausnahme handelt. Das nachfolgende Zitat veranschaulicht dies:

> „(…) aber jetzt zum beispiel bei der kinderschokolade oder so ist es so die ess ich aber so selten dass ich an sich eigentlich (.) KEIN schlech also ich kauf die mir bewusst SO selten dass ich an sich kein schlechtes gewissen hab (.) [I: mh] °hh es all quartal mal zu essen (…)“ (19:102).

Formulierungen wie „*all Quartal mal*“ veranschaulichen, dass die Person in der Regel anders agiert und es sich bei dem Kauf von Kinderschokolade um eine Ausnahme handelt. Der Normalfall ist demzufolge, dass die Person sich das Produkt „*bewusst selten kauft*“. Das erweckt den Eindruck, dass bei der alltäglichen Verzichtsleistung bereist eingerechnet wird, dass man die Schokolade vierteljährlich mit Sicherheit kaufen kann und wird, ohne dabei ein „*schlechtes Gewissen*“ haben zu müssen. Ein weiteres, sehr reflektiertes Zitat bringt eben jenen Ausnahmecharakter auf den Punkt: „(…) *ganz ehrlich (.) da bin ich dann so ein bisschen egoistisch und sag ich spar so viel müll [I: ja] ich kann mir das erlauben* (…)“ (7:133). Demnach werden derlei Diskrepanzen bzw. Ausnahmen als legitim angesehen, solange sie nicht zu oft vorkommen:

> „(…) blöd ist es dann wenn du dann sagst naja gut aber darauf kann ich auch nicht verzichten und darauf auch nicht darauf auch nicht und dann ist man (.) ist es eigentlich wieder wie vorher (…)“ (7:150).

In diesem Sinne gewähren sich die Personen einen Spielraum innerhalb ihrer Ideologie, in dem sie sich gewisse Ausnahme „*erlauben*“. Die Berufung auf die sonst konsequente Einhaltung der Ideologie und die damit einhergehende Annahme der Legitimität von Ausnahmen scheint verbreitet zu sein. Wie in Kapitel 2 bereits erläutert wurde, konnten auch Juvan und Dolnicar (2014) aufzeigen, dass die Befragten ihre nicht nachhaltigen Urlaubsaktivitäten damit rechtfertigten, dass sie Urlaub als Ausnahme vom alltäglichen Handeln beschrieben. Der gelegentliche Kauf von Kinderschokolade und anderen verpackten Produkten kann somit ebenfalls dem Kode „Selbstverwirklichung übergeordnet" zugeordnet werden.

Einen weiteren Grund für nicht nachhaltige Praktiken der „äußerst Nachhaltigen" stellt wiederum eine Determiniertheit von außen, beispielsweise in Form der Abhängigkeit von moderner Technik (vgl. 4:58; 5:128), dar.

Insbesondere bei Personen, die besonders nachhaltig leben und dies auch öffentlich bekannt ist, scheinen solche Diskrepanzen mit der „*Angst vor einem Reputationsverlust*" (7:156) einherzugehen. Besonders deutlich wird die Angst im folgenden Ausschnitt:

> „(…)des ist halt so mein ruf (.) den ich ja seit jahren (...) propagier (..) also_ eben dass ich (..) einen gelben sack pro jahr habe so (.) klar muss auch irgendwas drin sein und das sind dann eben unter anderem die chipstüten (..) abe_r (2.0) mh_ (2.0) mh hm (3.0) ja die leute sollen einfach nicht denken dass ich leichtfertig damit umgehe oder so (…)" (7:161)

Die eigene Unnachhaltigkeit wird demnach nicht nur von der jeweiligen Person selbst bewertet, sondern es wird auch eine soziale Kontrolle wahrgenommen. Dabei wird jedoch nicht bloß davon ausgegangen, dass die Gesellschaft im Falle einer Diskrepanz das normabweichende Verhalten verurteilt, sondern, dass sie generell die strikte Einhaltung der nachhaltigen Ideologie einfordert: „(…) *dann (.) bist du ja in dem moment (.) wie so (.) auf so nem präsentiertller so ((verstellt die stimme)) aha machst du des dann auch so ((wieder ihre stimme)) weißt du* (…)" (5:121). Diese Wahrnehmung führt bei den Befragten wiederum zu einer Art Leistungsdruck und Angst.

Weiterhin führen solche Fälle dazu, dass die „äußerst Nachhaltigen" mit dem Vorwurf der Doppelmoral konfrontiert werden:

> „(…) ähm (3.0) des wird uns auch tatsächlich von politikern (..) immer wieder vorgeworfen (..) bei jedem gespräch (.) ja_ also des problem ist ja schon auch ihr (.) fridays aktivisten (.) die dann irgendwie auf die demo gehen und dann mit dem suv von der schule abgeholt werden und dann noch burger king ((lacht)) (…)" (8:70).

Folglich nimmt nicht nur das direkte soziale Umfeld, sondern auch die Gesellschaft bei der Thematik Nachhaltigkeit eine besondere Rolle ein.

Letztere scheint eine genaue Vorstellung der nachhaltigen Werte zu haben und übt bezüglich deren Einhaltung einen normativen Druck aus. Huber beschreibt treffend: „Umweltgerechtes Verhalten ist zu einer allgemeinen Norm geworden, gegen die sich kaum noch jemand öffentlich aussprechen wird, aus Furcht, sich damit ins Abseits zu stellen" (2011, S. 309). Besonders streng nimmt die Gesellschaft dabei die Praxis derjenigen Personen in den Blick, die selbst ein nachhaltiges Leben propagieren.

Wie schon bei den ersten beiden Typen scheinen auch die „bestrebt" und „äußerst Nachhaltige" nicht nachhaltige Aktivitäten teilweise zu genießen. Der Genuss wird jedoch nur unter Berücksichtigung dessen empfunden, dass es sich dabei um Ausnahme handelt: „(…) *ja ich versuch das dann (.) quasi (.) zu genießen (.) dass ich dann im prinzip diese ausnahme mache* (….)" (3:82). Die hier beschriebene Empfindung hängt somit eng mit der Einstellung zusammen, dass derlei Ausnahmen legitim sind. Es wird folglich versucht in solchen Momenten die Besonderheit, welche sich *„gegönnt"* (5:152) wird, angemessen wertzuschätzen.

Neben dem Genuss konnte jedoch auch festgestellt werden, dass derlei nicht nachhaltige Praktiken mit Schuldgefühlen oder eine Art Selbstgeißelung (3:84) verbunden sind. Das anschließende Zitat gibt das Gefühl jener *„Reue"* (2:116) wieder: „(…) *dann ä_h tatsächlich fühl ich mich auch nicht gut (.) also (..) dass bereu ich danach dann (.) und das ist dann (.) halt irgendeiner bequemlichkeit auch zu schulden* (…)" (2:163). Hier gelingt es dem Befragten folglich weniger die Unnachhaltigkeit mit dem eigenen Gewissen bzw. den leitenden Werten zu vereinbaren. Das könnte möglicherweise daran liegen, dass nicht von legitimen Ausnahmen, sondern beispielsweise von Handlungen in Folge einer als unnötig empfundenen *„Bequemlichkeit"* ausgegangen wird. Nicht nachhaltige Aktivitäten werden in solchen Fällen auch als *„Scheitern"* (2:173) oder *„Schwäche"* (8:62) begriffen.

Doch scheinen Genuss und Schuldgefühle nicht zwingend unabhängig voneinander aufzutreten:

> „(…) des ist so ein bisschen so auch ein innerer kampf (.) ich weiß °hh auf der einen seite (.) es wäre (...) BESSER stärker auf fleisch zu verzichten also auch natürlich wegen tierwohl (.) wegen co2 wegen allem möglichen °hh auf der anderen seite (.) kommt dann halt dieses (.) dann doch dieses egoistische ja es schmeckt dann halt doch häufig ganz geil (.) so n zwiebelrostbraten (…)" (8:65).

In dem zitierten Ausschnitt wirkt es so, als ob der „egoistische" Teil der Person die Befriedigung der eigenen Wünsche und Bedürfnisse genießt. Im Hinblick auf die nachhaltigen Werte wird der Konsum jedoch verurteilt und ruft infolgedessen ein schlechtes Gewissen hervor. Die Person befindet sich demnach in einem „*inneren Kampf*" zwischen Selbstverwirklichung und nachhaltigen Werten.

Feindbild

Wie in den vorangegangenen Erläuterungen zu den „äußerst Nachhaltigen" deutlich wurde, ist deren Leben grundlegend auf Nachhaltigkeit ausgerichtet. Möglicherweise ist deren eigene Konsequenz Grund dafür, dass der Typ, anders als jener der „bestrebt Nachhaltigen", weniger verständnisvoll gegenüber Unnachhaltigkeit ist:

> „(…) ich hätt letztens fast eine im zug erschossen weil die einfach (..) so (.) scheißdreck gelabert hat (.) es tut mir echt leid des so zu sagen (1.0) ((macht stimme nach)) ja_ ich war jetzt neulich wieder da und dann bin ich da hin geflogen (…)" (5:77).

Wie der Datenausschnitt zeigt, deuten die Formulierungen „*fast eine erschossen*" und „*Scheißdreck labern*" auf den enormen Ärger hin, welchen die Befragte bei der Erzählung der nicht nachhaltigen Person empfindet. Darin wird nicht nur das Unverständnis gegenüber nicht nachhaltigen Praktiken deutlich, sondern auch die emotionale Involviertheit der Befragten. Doch während das Unverständnis bei fremden Personen meist unausgesprochen bleibt (vgl. 4:29; 7:81), hat es auf das soziale Umfeld der „äußerst Nachhaltigen" meist stärkere Auswirkungen. Die Tatsache, dass Nachhaltigkeit eine übergeordnete Rolle spielt kann im Extremfall dazu führen, dass Freundschaften oder gar Beziehungen beendet werden (vgl.4:22; 5:98; 7:95):

> „(…) jaa mein freundeskreis hat sich geändert also äh °h ich hab nicht mehr so interesse daran mich mit menschen (.) ä_hm mh zu beschäftigen (.) die so vollkommen unbewusst leben und denen so scheinbar alles egal ist (..) weil m (.) mich das (.) mh verletzt also ich kann da nicht so gut damit umgehen (…)" (4:25).

Hier wird ausgedrückt, dass die emotionale Involviertheit in die Thematik dazu führt, dass das „*scheinbar unbewusste Leben*" von Teilen des sozialen Umfeldes die Person „*verletzt*". Folglich hat sie kein Interesse mehr daran, sich mit diesen, als schmerzhaft empfundenen, Kontakten zu beschäftigen und beendet die Freundschaft. Der Ausdruck „*mein Freundeskreis hat sich geändert*" legt außerdem nahe, dass im

Gegenzug Personen in den Kreis aufgenommen wurde, deren Denken- und Handlungsschemata mehr mit den Wertvorstellungen der Befragten konform gehen und sie somit auch nicht verletzen.

Wie die Beschreibung des Typs der „äußerst Nachhaltigen" deutlich gemacht hat, befindet sich der Typus stark auf dem rechten Spektrum der Darstellung. Allerdings wurde auch hier die Wahl der Bezeichnung bewusst gewählt. Demnach wird von „äußerst" und nicht etwa „maximal" Nachhaltigen gesprochen, da immer noch etwas Luft nach oben ist. Darauf deuten sowohl die allgemeine Prozesshaftigkeit der Nachhaltigkeitsideologie als auch die gelegentlichen Diskrepanzen hin.

6.5 Typen, Umweltethiken, Habitus-Konzept und asketischer Puritanismus

Abschließend soll das vorangegangene Kapitel mit den zugrundeliegenden Theorien in Verbindung gebracht und erklärt werden.

Abbildung 3 erinnert zunächst an das Spektrum zwischen der anthropozentrischen und physiozentrischen Umweltethik. Der Pol „Selbstverwirklichung übergeordnet" kann auch weitestgehend mit der anthropozentrischen Umweltethik verglichen werden. Beide Extreme gehen von einer hedonistischen Lebensweise aus, innerhalb derer sich alles um den Menschen als Krone der Schöpfung dreht. Wenn Nachhaltigkeit Eingang in die Vorstellung der Personen findet dann nur deshalb, weil sie in Form eines aufgeklärten Eigeninteresses zur Sicherung der eigenen Lebensgrundlage dient. Insbesondere die „minimal Nachhaltigen" aber auch die „bedingt Nachhaltigen" können demnach der anthropozentrischen Weltanschauung zugeordnet werden.

Der Pol „Nachhaltigkeit übergeordnet" kann hingegen nur bedingt mit den physiozentrischen Ethiken verglichen werden. Grund dafür ist, dass letztere zwar unterschiedliche ethische Vorstellungen beschreiben, dies jedoch auf einem sehr theoretischen und abstrakten Niveau geschieht. Eine derart bewusste Reflektion über die eigene Zuschreibung der moralischen Eigenwerte von Lebewesen und Gegenständen scheint in der Realität nicht stattzufinden. Die aus den Daten herausgearbeiteten Pole und Typen sind demgegenüber am alltäglichen Denken und Leben der Personen orientiert und bilden dadurch deren Vorstellungen lebensnaher ab. Tendenziell legen die Nachhaltigkeitsvorstellungen und Praktiken der „bestrebt" und „äußerst Nachhaltigen" jedoch die Vermutung nahe, dass sie dem Sentientismus oder der Biozentrik zugeordnet werden können. Anzeichen, dass, wie im Holismus, unbelebten

Gegenständen ein moralischer Eigenwert zugeschrieben wird, gab es keine.

Neben der Abstraktheit der Umweltethischen Konzepte scheint auch deren Eindimensionalität problematisch zu sein. Damit ist gemeint, dass insbesondere die physiozentrischen Idealtypen lediglich eine strikte Ethik repräsentieren und keinen Hinweis auf Diskrepanzen und Entwicklungsprozesse geben. Wie die vorangegangene Darstellung jedoch deutlich machen konnte, können widersprüchliche Denk- und Handlungsweisen, wie beispielsweise die unnachhaltige Aktivität einer „äußerst nachhaltigen Person", gelegentlich ausgemacht werden. Außerdem konnte, insbesondere bei den „bestrebt Nachhaltigen", aufgezeigt werden, dass die Weiterentwicklung der eigenen Nachhaltigkeitsethik- bzw. Ideologie möglich ist.

Ein weiterer Kritikpunkt an den umweltethischen Konzepten ist, dass der Fokus dabei ausschließlich auf die Weltanschauungen der Individuen gerichtet wird und dadurch soziale Praktiken und die Rolle der Gesellschaft unberücksichtigt bleiben.

Konzepte, die eben jene Aspekte berücksichtigen, wie zum Beispiel das Habitus-Konzept von Bourdieu, können jedoch für ein besseres Verständnis derlei Typen herangezogen werden. Bezieht man nun das Habitus-Konzept auf die entwickelte Typologie „minimal Nachhaltige", „beding Nachhaltige", „bestrebt Nachhaltige" und „äußerst Nachhaltige", können damit diverse Gegebenheiten erklärt werden. In Bezug auf die „minimal Nachhaltigen" hilft es zu verstehen, dass jene zwar durch Informationslieferanten mit nachhaltigem Wissen konfrontiert wurden, dies jedoch keinen Lernprozess bzw. Umdenken und folglich auch keine Weiterentwicklung des Habitus mit sich brachte. Somit handeln die „minimal Nachhaltigen" ganz im Sinne ihres bestehenden Habitus. Bei den „bedingt Nachhaltigen" scheint die Konfrontation mit neuem Wissen einen gewissen Lernprozess ausgelöst zu haben. Infolgedessen haben sich die Personen in einem begrenzten Rahmen mit der Thematik auseinandergesetzt und teilweise neue Praktiken, wie zum Beispiel reduzierten Fleischkonsum, angeeignet. Nichtsdestotrotz scheint die Entwicklung des Habitus in einem überschaubaren Umfang stattgefunden zu haben. Der bestehende Habitus wurde somit nur bedingt erweitert, weshalb noch nicht von einem nachhaltigen Habitus gesprochen werden kann. Bei den „bestrebt" und „äußerst Nachhaltigen" scheint das anders zu sein. Die Konfrontation mit nachhaltigem Wissen hat bei diesen beiden Typen eine umfassende Entwicklung ausgelöst und zur erheblichen Anpassung der Praktiken geführt. Bei den „bestrebt

Nachhaltigen" scheint beides noch nicht gänzlich abgeschlossen zu sein. Deren Habitus hat sich zwar bereits in vielen Bereichen entwickelt, befindet sich jedoch an anderen Stellen immer noch in einer Formierungsphase. Bei den „äußerst Nachhaltigen" scheint die Entwicklung eines nachhaltigen Habitus hingegen weitestgehend abgeschlossen zu sein.

Weiterhin wurde deutlich, dass die, durch das Wissen ausgelöste, Auseinandersetzung mit dem Thema zunächst ganz bewusst geschieht. Die betroffene Person positioniert sich, findet zu ihrer eigenen Nachhaltigkeitsvorstellung und taucht in Rahmen derer in ein nachhaltiges Feld ein. Infolgedessen werden Praktiken abgelegt, angepasst oder neu erlernt. Die mit dem Eintritt in das Feld der Nachhaltigkeit gewonnenen Erfahrungen lagern sich in den Habitus der Personen ein und werden für sie selbstverständlich. Das führt dazu, dass sich die Person in ihrem Alltag keine Gedanken mehr über die explizite Ausübung von Nachhaltigkeit machen muss. Die Wahrnehmungs-, Denk-, und Handlungsschemata sind derart verinnerlicht, dass sie automatisch und unbewusst von statten gehen. Der Arbeitsweg mit dem Fahrrad oder der minimale Konsum von Fleisch werden dann zur unhinterfragten Normalität.

Neben den umweltethischen Verortungen und Bourdieus Habitus-Konzept soll ebenfalls auf Webers Theorie eingegangen werden. Grund dafür ist, dass die „äußerst Nachhaltigen" starke Parallelen zu den von Weber beschriebenen streng gläubigen Puritaner:innen aufweisen. Beide Gruppen vertreten eine streng asketische Ethik und richten nicht nur ihre Freizeit, sondern auch ihre Arbeit danach aus. In beiden Fällen beherrscht also der „Glaube" das Leben der Individuen. Damit stößt der Vergleich jedoch bereits an seine Grenzen. Wie in Kapitel 5.1.4 bereits erläutert wurde, verfügen die Befragten weder über den Trieb nach rastloser Berufsarbeit noch das Streben nach Kapital. Darüber hinaus wird selbst von den „äußerst Nachhaltigen" die Askese nicht uneingeschränkt gelebt. Demnach ist erneut darauf hinzuweisen, dass die Daten nicht daraufhin deuten, dass Nachhaltigkeit als neuer Geist des Kapitalismus dient. Der Vergleich mit Webers Theorie unterstreicht jedoch, welche Wirkungsmacht Ethiken haben können. Die Frage danach, welche Auswirkungen es hätte, wenn mehr Menschen bestrebt oder gar äußerst nachhaltig leben würden, ist demnach von außerordentlichem Interesse.

Letztlich konnte die empirisch fundierte Typologie aufzeigen, dass das Spektrum individueller Nachhaltigkeitsvorstellungen und Lebensweisen sehr umfassend ist und sich in Umfang und Intensität deutlich unterscheidet. Jedoch wurde ebenfalls deutlich, dass sich über alle Nachhaltigkeitstypen hinweg das Phänomen der Diskrepanz erstreckt. Infolgedessen, dass jenes Phänomen eine derart zentrale Schlüsselposition einnimmt, soll es im nächsten Kapitel gesondert analysiert werden.

7. Diskrepanz zwischen Werten und Praktiken

Das vorliegende Kapitel dient dazu, einen Überblick über die Diskrepanz zwischen Werten und Praktiken zu geben, indem die damit in Verbindung stehenden Kodes erläutert werden. Dabei wird unter anderem auf den Kode „Abwägen Handeln“ sowie auf die „Gründe nicht nachhaltiger Praktiken“ und die damit verbundenen „Empfindungen“ eingegangen. Abschließend werden die dargestellten Kodes mit der zugrundeliegenden Theorie in Verbindung gebracht. Wie bereits in den vorangegangenen Kapiteln soll zunächst die Abbildung des Netzwerkes als eine erste Orientierungshilfe dienen.

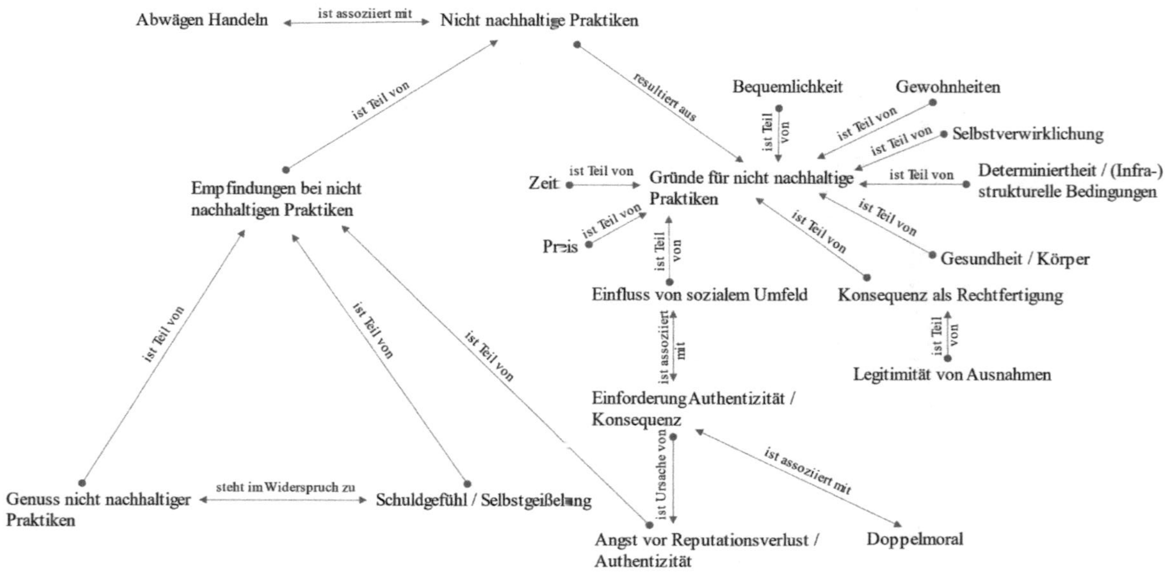

Abbildung 4: Netzwerk "Diskrepanz Werte und Praktiken"

7.1 Gründe und Folgen nicht nachhaltiger Praktiken

Das Phänomen der Diskrepanz wurde bereits an mehreren Stellen in der vorliegenden Arbeit ersichtlich. Über das gesamte Datenmaterial und alle Typen hinweg konnten Situationen ausgemacht werden, in denen nicht nachhaltig agiert wird. Aufgrund dessen, dass alle Befragten ein Verständnis von Nachhaltigkeit, zumindest einer ökologischen, haben stellt das folglich einen Widerspruch zu den ihn bekannten nachhaltigen Werten dar. Die Beobachtung der Diskrepanz zwischen Werten und Praktiken bezieht sich dabei auf das Wissen über die allgemeingültigen Werte und nicht die individuelle Nachhaltigkeitsvorstellung der Befragten. Wie schon in Kapitel 5.1.1 erläutert wurde, umfasst der Kode „individuelle Nachhaltigkeitsvorstellung und Praktiken" die Tatsache, dass sich Individuen die nachhaltige Ideologie im Rahmen je eigener Gewichtungen aneignen und umsetzen.

Die nicht nachhaltigen Praktiken der Befragten wurden bereits bei den jeweiligen Typen angesprochen und werden für eine abschließende Übersicht lediglich noch einmal in Kürze zusammengefasst. Darunter fallen unter anderem: Individualverkehr mittels Autos, Flugreisen, Konsum von Einwegplastik und Verpackungsmaterial, Verzehr von Fleisch und anderen tierischen Produkten, Konsum von Lebensmitteln und Produkten aus fernen Ländern sowie der Kauf und Gebrauch von Technik. Interessant ist dabei, dass nicht nachhaltige Praktiken in den *„unterschiedlichsten"* (3:53) Lebensbereichen und nicht etwa in einem spezifischen auftritt. Zentral scheint jedoch immer Konsum im weiteren Sinne zu sein. Das wird auch im folgenden Zitat ersichtlich:

> „(…) aber ich hab dann halt natürlich trotzdem so meine adressen im internet wo ich irgendwie (.) [I: mhm] regelmäßig kucke ob ich mir nicht was schönes kaufen kann (.) also_ ich bin halt nicht frei von (.) von konsumwünschen überhaupt nicht (…)" (7:185).

Demnach stellt eben jener Aspekt, gegen den sich die zentrale Kritik der nachhaltigen Ideologie richtet, für die Befragten selbst eine große Hürde dar. Auch nachhaltig lebende Personen sind demnach „nur" Menschen, die, wie alle anderen, *„nicht frei von konsumwünschen"* sind.

Abwägen von nicht nachhaltigen Praktiken

Eine nicht nachhaltige Aktivität, die als Dissonanz zwischen Werten und Praktiken verstanden werden kann, scheint weitestgehend unbewusst abzulaufen. Bei der anfänglichen Auseinandersetzung mit der

Thematik scheint bei der Aneignung der individuellen Nachhaltigkeitsvorstellung grundsätzlich festgelegt zu werden, ob und in welchem Umfang nicht nachhaltige Praktiken für die jeweilige Person vertretbar sind. Bezugspunkt sind dann nicht die allgemein bekannten Werte, sondern die individuelle Gewichtung von Nachhaltigkeit. Das folgende Zitat illustriert jenes Abwägen: „(…) *dann_ schätze ich ab ob ichs noch vertreten kann (.) wie zum beispiel des eis finde ich [I: ((lacht))] geht noch ähm* (…)" (2:110). Hier kann angenommen werden, dass das „*abschätzen, ob etwas noch vertretbar ist*" nicht bei jedem Kauf von Eis vonstattengeht, sondern übergeordnet einmalig ausgehandelt und daraufhin verinnerlicht wurde. Noch besser kann das am Beispiel einer Person veranschaulicht werden, die dem Typus der „äußerst Nachhaltigen" zugeordnet werden kann. Die Person hat sich aus gesundheitlichen bzw. hygienischen Gründen und trotz des dadurch verursachten Mülls für den Gebrauch einer elektrischen Zahnbürste entschieden (vgl. 5:135). Dabei kann davon ausgegangen werden, dass sie nicht bei jedem Gebrauch abwägt, ob die Verwendung der Zahnbürste für sie vertretbar ist. Vielmehr scheint sie zu Beginn einmalig zwischen dieser Form einer nicht nachhaltigen Praktik und der eigenen Gesundheit abgewogen und sich zu Gunsten letzterer entschieden zu haben.

Das Abwägen nicht nachhaltiger Praktiken scheint demnach ein Prozess zu sein, der im Rahmen der Formierung der individuellen Nachhaltigkeitsvorstellung stattfindet und später weitestgehend unbewusst gelebt wird. Das Ergebnis dieses Abwägens ist jedoch nicht unabdingbar festgeschrieben, sondern kann im Rahmen einer nachhaltigen Weiterentwicklung der Person neu überdacht und angepasst werden. Ferner wird angenommen, dass es zu Situationen kommen kann, innerhalb derer der Vorgang des Abwägens des eigenen Handelns doch bewusst stattfindet. Das könnte beispielsweise der Fall sein, wenn es zu einer Störung kommt oder etwas Unbekanntes auftritt. Eine solche Situation könnte auftreten, wenn der Unverpacktladen wider Erwarten Sommerpause macht und die Person sich infolgedessen Gedanken machen muss, wo sie nun alle benötigten Produkte beziehen kann oder, ob sie auf verpackte Alternativen in einem konventionellen Laden zurückgreifen muss.

Gründe und Folgen

Für die Kluft zwischen den gesellschaftlichen Werten und den eigenen Praktiken konnte eine Vielzahl von Gründen aus dem Datenmaterial herausgearbeitet werden. Die zentralen Aspekte „Selbstverwirklichung übergeordnet“ (vgl. 2:103; 5:157; 7:132; 19:14), „Einflusses durch das soziale Umfeld“ (vgl. 3:95; 8:28; 16:76) sowie eingefahrene „Gewohnheiten“ (vgl. 2:63; 5:64; 20:28) wurden bereits genauer beschrieben. Um den Rahmen der Arbeit nicht zu überschreiten, werden die weiteren Gründe nachfolgend lediglich aufgelistet. Zusammengefasst stellen die folgenden Aspekte ebenfalls Anlass für nicht nachhaltige Praktiken dar: die eigene Gesundheit bzw. die Priorisierung des eigenen Körpers (vgl. 5:137; 6:110; 18:20), Bequemlichkeit (vgl. 2:170), (infra-)strukturelle Bedingungen bzw. eine Determiniertheit von außen (vgl. 2:105; 8:21; 16:124; 21:64), die sonst strikte Einhaltung der eigenen Ideologie (vgl. 5:187; 7:133; 19:102), die (angenommenen) hohen Kosten einer nachhaltigen Lebensweise (vgl. 8:91; 13:6; 18:114; 19:46), sowie die Annahme, dass nachhaltige Praktiken zu zeitintensiv sind (vgl. 7:145; 8:21; 19:150; 40:46). Wie schon bei der Darstellung der Typen deutlich wurde gehen derlei Diskrepanzen mit unterschiedlichen Empfindungen bzw. Emotionen einher. Diese reichen von dem Genuss bis hin zu Schuldgefühlen und Selbstgeißelung sowie der Angst vor einem Reputationsverlust.

7.2 Diskrepanzen, Umweltethiken und das Habitus-Konzept

Die intensive Auseinandersetzung mit der Diskrepanz zwischen Werten und Praktiken zeigt, dass unabhängig davon um welchen Typus es sich handelt, unnachhaltige Praktiken vollzogen werden. Besonders bei „äußerst nachhaltigen“ Personen wird diese Dissonanz deutlich, auch wenn es bei diesem Typus nur in sehr begrenztem Umfang dazu kommt.

Bereits bei der Darstellung der Typen wurde deutlich, dass die Selbstverwirklichung bei allen ein maßgeblicher Grund ist, entgegen der sozialen Norm Nachhaltigkeit zu handeln. Um es mit den Begrifflichkeiten der umweltethischen Konzepte zu formulieren: Selbst bei Personen die dem Sentientismus oder der Biozentrik folgen, lassen sich anthropozentrische Züge feststellen. Trotz dieser Erkenntnis wird die in Kapitel 3.2 beschriebene Annahme Hubers, dass die Weltanschauung eines Menschen zwangsläufig nur anthropozentrisch sein kann, nicht geteilt. Insbesondere das Denken und die Praktiken der „äußert Nachhaltigen“ zeigen, dass Personen durchaus dazu in der Lage sind, weitestgehend asketisch zu leben.

Während die Diskrepanz von der Typologie berücksichtigt wird, ist dies bei den umweltethischen Konzepten nicht der Fall. Vielmehr wird darin der Eindruck vermittelt, dass derlei Weltanschauungen statisch und endgültig sind. Aufgrund der vorliegenden Daten kann jedoch davon ausgegangen werden, dass eine gewisse Dynamik besteht. Das schließt ein, dass tendenziell für jeden die Möglichkeit besteht nachhaltiger oder unnachhaltiger zu leben. Das erinnert stark an die in Kapitel 5.2.1 beschriebenen Prozesshaftigkeit. Dort wurde bereits erläutert, dass sowohl eine vorwärts gerichtete Entwicklung möglich ist als auch Stagnation sowie eine Rückentwicklung.

Während die umweltethischen Konzepte demnach an ihre Grenzen stoßen, scheint Bourdieus Habitus-Konzept hingegen ein fruchtbarer Ansatz zu sein, um ein besseres Verständnis der Diskrepanz zu erlangen. Die Dominanz der Selbstverwirklichung kann unter anderem damit erklärt werden, dass eine egoistische Weltanschauung tief in den bestehenden Habitus der Menschen eingelagert ist und jene Schemata durch die Hysteresis lange Bestand haben. Praktiken des Verzichts, welche einer hedonistischen Lebensweise entgegenstehen, werden deshalb nur schwer angeeignet. Mit Blick auf die prozesshafte Weiterentwicklung des Habitus kann dadurch auch erklärt werden, weshalb bestimmte Lebensbereiche schneller nachhaltig angepasst werden als andere. Neben der Priorisierung der Themen werden vermutlich all jene Bereiche zuerst angepasst, die eine geringe Verzichtsleistung bedeuten und dadurch kaum einen Einschnitt in die Selbstverwirklichung der Befragten darstellen. In diesem Fall kann die Selbstverwirklichung auch als eine Gewohnheit begriffen werden. Gewohnte Wahrnehmungs-, Denk-, und Handlungsschemata sind in eine Person eingeschrieben und können erst im Rahmen von Lernprozessen weiterentwickelt werden. Da der Habitus persönliche und soziale Identität ist, ist es jedoch nur logisch, dass ein Wandel aufwändig ist und Zeit bedarf. Stattdessen ist es für die Personen leichter vertraute Gewohnheiten beizubehalten. Huber (2011, S. 309) beschreibt treffend: „Am schwersten wiegt anscheinend der Aufwand, umzudenken und umzulernen, Alltagsroutinen aufzugeben und sich umzugewöhnen“. Das soziale Umfeld kann diesen Prozess zusätzlich hemmen, sofern es selbst über keinen nachhaltigen Habitus verfügt. Dieses Hemmnis scheint jedoch, wie bei der Darstellung der Typen deutlich wurde, nur auf die „bedingt“ und „bestrebt Nachhaltigen“ zuzutreffen. Jene stellen ihr soziales Umfeld tendenziell über die nachhaltige Wertvorstellung. Bei den „äußerst Nachhaltigen“ scheint die Ideologie hingegen derart ausgeprägt zu sein, dass sie sich stattdessen eher von dem unnachhaltigen Umfeld lösen als nicht nachhaltige Praktiken in Kauf zu nehmen.

Nicht nur die Gründe für die Diskrepanz, auch die damit einhergehenden Empfindungen lassen sich mit dem Habitus-Konzept besser greifen. Dahingehend kann angenommen werden, dass eine nicht nachhaltige Praktik aufgrund dessen genossen wird, da sie mit der individuellen Nachhaltigkeitsvorstellung bzw. den verinnerlichten Schemata konform geht. Bei den „bestrebt“ und „äußerst Nachhaltigen“ scheint dabei vor allem die Berufung auf die eigene Konsequenz und die Legitimität von Ausnahmen dabei zu helfen, die normabweichende Aktivität genießen zu können. Dem gegenüber verspüren die Befragten dann ein schlechtes Gewissen, wenn es zu einer Handlung kommt, die nicht mit deren Habitus vereinbar ist. Die Angst vor dem Verlust der Reputation, welche all jene verspüren die ihr nachhaltiges Leben öffentlich propagieren, hat wiederum damit zu tun, dass der Habitus die Identität einer Person ausmacht. Werden von der Öffentlichkeit Handlungen registriert, die nicht nachhaltig sind, kann das dazu führen, dass die Identität einer Person angezweifelt wird. Die Angst den eigenen Ruf zu verlieren beinhaltet demnach die Angst vor dem öffentlichen Absprechen eines Teiles der eigenen Identität.

Die vorangegangenen Unterkapitel widmeten sich dem Hauptteil der Arbeit und damit der Analyse und Darstellung der Ergebnisse. Das nachfolgende Kapitel soll nun die zentralen Erkenntnisse der Analyse zusammenfassen und abschließend diskutieren. Zudem soll ein Ausblick über weitere Forschungsansätze gegeben werden.

8. Fazit

Im Fokus der Arbeit standen die Vielfalt nachhaltiger Denk- und Lebensweisen sowie die Diskrepanz zwischen nachhaltigen Werten und Praktiken. Dabei sollte zum einen eine Antwort auf die Frage gefunden werden, welche unterschiedlichen Nachhaltigkeitsverständnisse die Befragten haben und inwieweit sie damit verbundene Wertvorstellungen teilen. Im Zuge dessen sollte weiterhin aufgezeigt werden, wie die Aneignung der individuellen Nachhaltigkeitsvorstellung vonstattengeht und wie sich die Überzeugungen in den Praktiken der Personen niederschlagen. Die gewonnenen Erkenntnisse sollten daraufhin im Rahmen einer empirisch fundierten Typologie systematisiert werden, welche die Bandbreite umweltethischer Vorstellungen und Praktiken aufzeigt. Zum anderen sollte das Phänomen der Diskrepanz näher betrachtet werden. Diesbezüglich wurde der Frage nachgegangen, was die Gründe für derlei normabweichende Praktiken sind und ob es einen Zusammenhang zwischen Nachhaltigkeitsvorstellung und nicht nachhaltigen Aktivitäten gibt. Auch dieses Phänomen sollte bei der Konstruktion der Typen berücksichtigt werden.

Die gesamte Arbeit war dabei an der Forschungslogik der Grounded Theory orientiert. Aus diesem Grund fanden Datenerhebung, Analyse und Theoriebildung in einem spiralförmigen Prozess statt. Die Theorie wurde demnach im Rahmen der Auseinandersetzung mit den Daten entwickelt bzw. kristallisierten sich dabei theoretische Konzepte heraus, die zur Interpretation und Erklärung herangezogen werden konnten. Dabei handelte es sich um die umweltethischen Konzepte der Anthropozentrik und Physiozentrik, Webers protestantischer Ethik und Bourdieus Habitus-Konzept.

Rückblickend war es der Forscherin möglich aufzuzeigen, dass die Befragten sich der gesellschaftlichen Wertvorstellung von Nachhaltigkeit bzw. der sozialen Norm durchaus bewusst sind. Aufgrund der ebenfalls gesellschaftlich vertretenen Annahme der Individualisierung, haben sich jedoch sehr heterogene Nachhaltigkeitsvorstellungen und damit verbundene Praktiken entwickelt. Im Rahmen der Thematisierung der sozialen Norm wurde überdies deutlich, dass die Ideologie zwei zentrale Kriterien hat. Zum einen die kritische Haltung gegenüber dem (Wirtschafts-)System und dem Konsum der „Überflussgesellschaft“. Zum anderen die daraus resultierende Praktik des Verzichts. Folglich kann Nachhaltigkeit nicht nur in einem normativ kognitiven Rahmen stattfinden, sondern muss umfassenden Eingang in die Praktiken der Menschen finden. Damit es jedoch dazu kommen kann, dass eine Person sich auf das Thema Nachhaltigkeit einlässt, bedarf es Wissen, Zeit und Freude daran.

Aufgrund der wahrgenommenen Parallelen zwischen der Nachhaltigkeitsideologie und der protestantischen Ethik wurde sich für den Einbezug Webers Theorie entschieden. Allerdings konnten die Daten aufzeigen, dass Nachhaltigkeit trotz ihres asketischen Charakters und der starken Rationalisierung des Alltags nicht als neuer Geist des Kapitalismus verstanden werden kann. Die vergleichende Auseinandersetzung konnte jedoch zeigen, wie stark sich die Befolgung einer Ethik in den Praktiken von Personen niederschlagen kann. Dadurch wurde die potenzielle Wirkungskraft der nachhaltigen Ideologie herausgestellt.

Darüber hinaus wurde dargestellt, wie sich der Prozess der Aneignung bzw. Umsetzung jener Wertvorstellungen gestaltet. Der detaillierte Einblick half dabei nicht nur die Entwicklung nachhaltig lebender Personen zu verstehen, sondern konnte auch aufzeigen, wie es sich bei nicht nachhaltigen Personen verhält. Mit Rückgriff auf Bourdieus Habitus-Konzept konnte verdeutlicht werden, dass sich die Aneignung nachhaltiger Werte und Praktiken aufgrund dessen als sehr aufwändig und zeitintensiv gestaltet, da es einer Restrukturierung bzw. Weiterentwicklung des bestehenden Habitus hin zu einem nachhaltigeren bedarf. Jene Entwicklung wird im Rahmen von Lernprozessen realisiert, innerhalb derer neue Erfahrungen gemacht werden, die in den Habitus einer Person eingelagert werden. Der Körper und soziale Praktiken sind untrennbar mit diesem Prozess verbunden und sind somit von zentraler Bedeutung.

Aufbauend auf diesen Erkenntnissen konnte im Weiteren eine empirisch fundierte Typologie realisiert werden. Selbige erfolgt anhand der in den Daten erkennbaren Unterschiede in Intensität und Umfang der Nachhaltigkeitsvorstellung und der sich daraus ableitenden Praktiken. Daraus ergaben sich die Typen: „minimal nachhaltig“, „bedingt

nachhaltig“, „bestrebt nachhaltig“ und „äußerst nachhaltig“. Der Einbezug der umweltethischen Konzepte Anthropozentrik und Physiozentrik stellte für eine erste Verortung einen hilfreichen Ausgangspunkt dar. Im Weiteren erwiesen sie sich jedoch als zu abstrakt und statisch und infolgedessen als unzureichend. Die entwickelten Typen eignen sich in Bezug auf das Forschungsinteresse besser, um der Heterogenität und Dynamik des Feldes gerecht zu werden.
Als letztes wurde die Diskrepanz zwischen den nachhaltigen Werten und den Praktiken der Menschen thematisiert. Jene kristallisierte sich bereits in den ersten beiden Ergebniskapiteln als zentrale Kategorie heraus. Vor allem in der Darstellung der Typologie wurde deutlich, dass sich das Phänomen über alle Typen hinweg erstreckt. Allerdings fiel diese Kluft bei den „minimal Nachhaltigen“ am stärksten und bei den „äußerst Nachhaltigen“ am geringsten aus. Insbesondere der Wunsch nach der hedonistischen Selbstverwirklichung aber auch verinnerlichte Gewohnheiten und das soziale Umfeld wurden als zentrale Gründe für nicht nachhaltige Aktivitäten ausgemacht. Ferner zeigte sich, dass die normabweichenden Praktiken meist mit Genuss verbunden sind, da sie mit der individuellen Nachhaltigkeitsvorstellung der Befragten vereinbar sind bzw. als legitime Ausnahme betrachtet werden. Jedoch ließen sich auch ein schlechtes Gewissen sowie die Angst der äußerst Nachhaltigen vor einem Reputationsverlust als begleitende Empfindungen ausmachen. Auch hier erwies sich Bourdieus Habitus-Konzept als geeignet und half dabei, die Diskrepanz auf die (noch) nicht nachhaltigen Habitus der Personen zurückzuführen.

Insgesamt wurde bei der Auseinandersetzung mit dem Forschungsinteresse deutlich, dass es sehr unterschiedliche Vorstellungen von Nachhaltigkeit gibt und die Ausübung nachhaltiger Praktiken stark von der individuellen Vorstellung abhängig ist. Es kann folglich geschlossen werden, dass die Nachhaltigkeitsthematik nicht binär ist und nicht nur zwischen Fridays for Future Aktivist:innen und Mitgliedern der AfD schwankt, sondern vielfältig und vor allem dynamisch ist. Veränderungen sowohl in eine unnachhaltigere, wie auch in eine nachhaltigere Richtung, sind bei allen Personen möglich. Anne-Marie Bonneau, eine berühmte Bloggerin im Bereich Zero-Waste, äußerte sich bezüglich der Vielfalt an Lebensweisen wie folgt: „We don't need a handful of people doing zero waste perfectly. We need millions of people doing it imperfectly“ (Bonneau 2019). Das Zitat ist ganz im Sinne der nachgewiesenen Individualisierung von Nachhaltigkeit und drückt aus, dass jede:r Nachhaltigkeit nach seinen bzw. ihren Vorstellungen und

Möglichkeiten leben kann, solange jede:r versucht etwas nachhaltiger zu leben und zu einem Wandel beizutragen.

Mit Blick auf die durchgeführte Forschung und die erzielten Ergebnisse kann abschließend gefolgert werden, dass sich die Grounded Theory in Kombination mit dem ethnografischen Feldzugang als angemessene Erhebungs- und Analyseinstrumente erwiesen haben. Im Weiteren wäre jedoch eine Erweiterung des Samples, speziell im Hinblick auf das hohe Bildungsniveau der Befragten, angebracht. Demnach müssten in einem weiteren Schritt auch Personen mit niedrigeren Bildungsstatus in die Forschung einbezogen werden. Diese Überlegung bezieht sich auf den, in Kapitel 4.4 gegebenen Hinweis, dass quantitative Studien einen Zusammenhang zwischen nachhaltigen Praktiken und Bildungsstatus nachweisen konnten. Das könnte zu einer Erweiterung bzw. Verfeinerung der Typologie, insbesondere in Richtung des Pols „Selbstverwirklichung übergeordnet“, führen.

Zudem wäre eine genauere Untersuchung des Körpers und der sozialen Praktiken von Interesse. Hierfür könnten sowohl nachhaltige als auch nicht nachhaltige Praktiken videografisch dokumentiert und anschließend im Rahmen einer phänomenologischen Perspektive analysiert werden.

Ein weiterer Punkt dessen Bearbeitung den Rahmen der vorliegenden Ausarbeitung überschritten hätte, der jedoch ein großes Potenzial in sich birgt, umfasst eine globale Dimension von Nachhaltigkeit: „(…) *dass es weltweit aber auch passiert also das ist halt n weltweites (..) system und forum gibt (.) das dafür sorgt dass es GLOBAL (.) nachhaltigkeit gibt* (…)“ (18:144). In dem Transkriptionsausschnitt wird eine transnationale Verantwortung angesprochen, welche mit der Forderung nach einer weltweiten Thematisierung und der Verabschiedung von nachhaltigen Maßnahmen über Ländergrenzen hinweg einhergeht. Die Eröffnung jener globalen Dimension geht mit einer Vielzahl von Fragen einher. Zunächst wäre zu klären was die Befragten unter globaler Nachhaltigkeit verstehen und welches weltweite „*System*“ sie für angemessen erachten würden. Letztere Aspekt ist insbesondere im Hinblick auf den globalen Süden von Interesse. Überdies stellt sich die Frage, inwiefern ein Zusammenhang zwischen globaler Nachhaltigkeit und den Nachhaltigkeitsvorstellungen und Praktiken der Einzelnen besteht. In Rahmen dessen wäre zu prüfen, ob beispielsweise die nicht nachhaltige Politik gewisser Ländern für manche Personen einen Grund darstellt, selbst nicht nachhaltig zu leben. Diese Überlegung stützt sich auf die in Kapitel 6.1 beschriebene „Tropfen auf den heißen Stein Annahme“ der „minimal Nachhaltigen“. Die angeführten Fragen sind lediglich als erste Überlegungen für eine weiterführende Forschung zu verstehen und sollen verdeutlichen, welches Potenzial der Untersuchung der globalen Dimension von Nachhaltigkeit innewohnt.

Literatur

Alternative für Deutschland. 2017. Programm für Deutschland. Wahlprogramm der Alternative für Deutschland für die Wahl zum Deutschen Bundestag am 24. September 2017. https://cdn.afd.tools/wp-content/uploads/sites/111/2017/06/2017-06-01_AfD-Bundestagswahlprogramm_Onlinefassung.pdf (Zugegriffen: 12. November 2020).

Best, Henning. 2009. Kommt erst das Fressen und dann die Moral? Eine feldexperimentelle Überprüfung der Low-Cost Hypothese und des Modells der Frame-Selektion. *Zeitschrift für Soziologie* 38:131–151.

Bolz, Norbert. 2019. Generation Greta: Wie die Angst vor dem Untergang eine ganze Gesellschaft und ihre Medien bewegt. *Neue Zürcher Zeitung* 2019.

Bonneau, Anne-Marie. 2019. Zitat Zero Waste. https://twitter.com/ZeroWasteChef/status/1098682500237254656 (Zugegriffen: 15. November 2020).

Bourdieu, Pierre. 1999. *Die Regeln der Kunst. Genese und Struktur des literarischen Feldes*. Frankfurt am Main.

Bourdieu, Pierre. 2003. *Die feinen Unterschiede. Kritik der gesellschaftlichen Urteilskraft*. Frankfurt am Main: Suhrkamp Verlag.

Brand, Karl-Werner. 2011. Umweltsoziologie und der praxistheoretische Zugang. In *Handbuch Umweltsoziologie*, 1. Aufl., Hrsg. Matthias Groß, 173-198. Wiesbaden: VS-Verl.

Breidenstein, Georg, Stefan Hirschauer, Herbert Kalthoff und Boris Nieswand. 2013. *Ethnografie. Die Praxis der Feldforschung*, Bd. 3979. Konstanz: UVK Verl.-Ges.

Brunner, Karl-Michael. 2007. Ernährungspraktiken und nachhaltige Entwicklung - eine Einführung. In *Ernährungsalltag im Wandel. Chancen für Nachhaltigkeit*, Hrsg. Karl-Michael Brunner, Sonja Geyer, Marie Jelenko, Walpurga Weiss und Florentina Astleithner, 1-38. Wien: Springer-Verlag.

Corbin, Juliet, und Anselm L. Strauss. 1990. Grounded Theory Research:. Procedures, Canons, and Evaluative Criteria. *Qualitative Sociology* 13:3–21.

Diekmann, Andreas, und Peter Preisendörfer. 2017. Persönliches Umweltverhalten. Diskrepanz zwischen Anspruch und Wirklichkeit. *Kölner Zeitschrift für Soziologie und Sozialpsychologie* 69:591–617.

Dierks, Jan. 2016a. Holismus. In *Handbuch Umweltethik*, Hrsg. Konrad Ott, Jan Dierks und Lieske Voget-Kleschin, 177-182. Stuttgart: J.B. Metzler.

Dierks, Jan. 2016b. Ökozentrik. In *Handbuch Umweltethik*, Hrsg. Konrad Ott, Jan Dierks und Lieske Voget-Kleschin, 169-176. Stuttgart: J.B. Metzler.

Duden. 2020. Ideologie. https://www.duden.de/rechtschreibung/Ideologie (Zugegriffen: 13. November 2020).

Engels, Eve-Marie. 2016. Biozentrik. In *Handbuch Umweltethik*, Hrsg. Konrad Ott, Jan Dierks und Lieske Voget-Kleschin, 161-168. Stuttgart: J.B. Metzler.

Glaser, Barney G., und Anselm L. Strauss. 1998. *Grounded theory. Strategien qualitativer Forschung*. Bern: Huber.

Groß, Matthias. 2010. Umweltsoziologie. In *Handbuch Spezielle Soziologien*, Hrsg. Georg Kneer und Markus Schroer, 645-661. Wiesbaden: VS Verlag für Sozialwissenschaften / GWV Fachverlage GmbH Wiesbaden.

Grunwald, Armin. 2010. Wider die Privatisierung der Nachhaltigkeit. Warum ökologisch korrekter Konsum die Umwelt nicht retten kann. *GAIA* 19:178–182.

Hasenfratz, Martina. 2018. Die Nachhaltigkeit der Dinge. Praktiken, Artefakte, Affekte. In *Die Gesellschaft der Nachhaltigkeit. Umrisse eines Forschungsprogramms.* Sozialtheorie, Hrsg. Sighard Neckel, Moritz Boddenberg, Natalia Besedovsky, Sarah M. Pritz und Timo Wiegand, 101-121. Bielefeld: transcript-Verlag.

Heisterhagen, Nils, und Stefan Laurin. 2019. Eine neue Öko-Religion, deren Antichrist das Auto ist. *Welt* 2019.

Helfferich, Cornelia. 2011. *Die Qualität qualitativer Daten. Manual für die Durchführung qualitativer Interviews*. 4. Auflage. Wiesbaden: VS Verlag für Sozialwissenschaften / Springer Fachmedien Wiesbaden GmbH Wiesbaden.

Huber, Joseph. 2011. *Allgemeine Umweltsoziologie*. 2., vollständig überarbeitete Auflage. Wiesbaden: VS Verlag für Sozialwissenschaften / Springer Fachmedien Wiesbaden GmbH Wiesbaden.

Huneke, Marcel. 2008. Möglichkeiten und Chancen der Veränderung von Einstellungen und Verhaltensmustern in Richtung einer nachhaltigen Entwicklung. In *Nachhaltigkeit als radikaler Wandel. Die Quadratur des Kreises?*, Hrsg. Hellmuth Lange, 95-122. Wiesbaden: VS Verlag für Sozialwissenschaften / GWV Fachverlage GmbH Wiesbaden.

Juvan, Emil, und Sara Dolnicar. 2014. The attitude-behaviour gap in sustainable tourism. *Annals of Tourism Research* 48:76–95.

Karol, Justin, und Trevor Gale. 2004. Bourdieu's Social Theory and Sustainability: What is Environmental Capital? https://www.researchgate.net/publication/268424795_What_is_%27environmental_capital%27_Bourdieu%27s_social_theory_and_sustainability (Zugegriffen: 3. November 2020).

Krais, Beate, und Gunter Gebauer. 2002. *Habitus*. Bielefeld: transcript Verlag.

Krebs, Angelika. 2016. Sentientismus. In *Handbuch Umweltethik*, Hrsg. Konrad Ott, Jan Dierks und Lieske Voget-Kleschin, 157-160. Stuttgart: J.B. Metzler.

Lenger, Alexander, Christian Schneickert und Florian Schumacher. 2013. Pierre Bourdieus Konzeption des Habitus. In *Pierre Bourdieus Konzeption des Habitus. Grundlagen, Zugänge, Forschungsperspektiven*, Hrsg. Alexander Lenger, Christian Schneickert und Florian Schumacher, 13-44. Wiesbaden: Springer VS.

Lichtblau, Klaus, und Johannes Weiß, Hrsg. 2016. *Max Weber. Die protestantische Ethik und der "Geist" des Kapitalismus. Herausgegeben und eingeleitet von Klaus Lichtblau und Johannes Weiß*. Wiesbaden: Springer Fachmedien.

Mey, Günter, und Katja Mruck, Hrsg. 2011. *Grounded Theory Reader*. 2. Aufl. Wiesbaden: Springer Fachmedien.

Müller, Hans-Peter. 2007. *Max Weber. Eine Einführung in sein Werk.* Köln: Böhlau.

Neckel, Sighard, Moritz Boddenberg, Natalia Besedovsky, Sarah M. Pritz und Timo Wiegand, Hrsg. 2018. *Die Gesellschaft der Nachhaltigkeit. Umrisse eines Forschungsprogramms*. Sozialtheorie. Bielefeld: transcript-Verlag.

Ott, Konrad. 2016. Geschichte der Nachhaltigkeitsidee. In *Handbuch Umweltethik*, Hrsg. Konrad Ott, Jan Dierks und Lieske Voget-Kleschin, 62-66. Stuttgart: J.B. Metzler.

Ott, Konrad, Jan Dierks und Lieske Voget-Kleschin. 2016. Einleitung. In *Handbuch Umweltethik*, Hrsg. Konrad Ott, Jan Dierks und Lieske Voget-Kleschin, 1-19. Stuttgart: J.B. Metzler.

Roy, Deborah, Bas Verplanken und Christine Griffin. 2015. Making Sense of Sustainability: Exploring the Subjective Meaning of Sustainable Consumption. *Applied Environmental Education & Communication* 14:187–195.

Sander, Hannes, und Dietmar Höttecke. 2018. Orientierungen von Jugendlichen beim Urteilen und Entscheiden in Kontexten nachhaltiger Entwicklungen. *Zeitschrift für Didaktik der Naturwissenschaften* 24:83–98.

Soziologie heute. Das soziologische Fachmagazin. 2009. Werte. https://soziologieheute.wordpress.com/2009/06/02/werte/ (Zugegriffen: 9. November 2020).

Strauss, Anselm L. 1998. *Grundlagen qualitativer Sozialforschung. Datenanalyse und Theoriebildung in der empirischen soziologischen Forschung*. 2. Aufl. München: Fink.

Strübing, Jörg. 2007. Glaser vs. Strauss? Zur methodologischen und methodischen Substanz einer Unterscheidung zweier Varianten von Grounded Theory. *Historical Social Research* 19:157–173.

Strübing, Jörg. 2008. *Grounded Theory. Zur sozialtheoretischen und epistemologischen Fundierung des Verfahrens der empirisch begründeten Theoriebildung*, Bd. 15. 2., überarbeitete und erweiterte Auflage. Wiesbaden: VS Verlag für Sozialwissenschaften / GWV Fachverlage GmbH Wiesbaden.

Truschkat, Inga, Manuela Kaiser-Belz und Vera Volkmann. 2011. Theoretisches Sampling in Qualifikationsarbeiten:. Die Grounded-Theory-Methodologie zwischen Programmatik und Forschungspraxis. In *Grounded Theory Reader*, 2. Aufl., Hrsg. Günter Mey und Katja Mruck, 353-379. Wiesbaden: Springer Fachmedien.

Weber, Max. 2016. Die protestantische Ethik und der Geist des Kapitalismus. In *Max Weber. Die protestantische Ethik und der "Geist" des Kapitalismus. Herausgegeben und eingeleitet von Klaus Lichtblau und Johannes Weiß*, Hrsg. Klaus Lichtblau und Johannes Weiß, 29-176. Wiesbaden: Springer Fachmedien.

FSC
www.fsc.org
MIX
Papier | Fördert
gute Waldnutzung
FSC® C083411

Kolibri 360 GmbH
Ferdinand-Jühlke-Straße 7
99095 Erfurt, Deutschland
produktsicherheit@kolibri360.de